LE PARFAIT *INDIGOTIER*

OU DESCRIPTION DE L'INDIGO,

CONTENANT

Un détail circonſtancié de cette plante, ſa coupe, pourriture & battage, pluſieurs remarques curieuſes & utiles pour la fabrication de cette marchandiſe, avec une formule d'économie convenable à un Indigotier, qui contient en abregé comment on doit gérer une habitation & les Negres, le caractère des Negres, la conduite qu'il faut tenir pour en tirer du ſervice ; enſemble un traité ſur la culture du Café, la deſcription de cet arbre & de ſa Manufacture,

Par ELIE MONNEREAU, Habitant de Limonade, département du Cap, aux Iſles Françoiſes de l'Amérique.

Nouvelle Edition, revûe, corrigée & augmentée par l'Auteur.

A AMSTERDAM, & ſe vend

A MARSEILLE, Chez JEAN MOSSY, Libraire au Parc.

M. DCC. LXV.

D
dit
pen
trie
Ma
hom
pour
tra,
& qu
repo
avan,
E
Sur ce
que vo
tier
l'amo
auis
mon
espe
tris

PREFACE.

De toutes les eſpèces de folies qui partagent les hommes, (dit Mr. le Maitre de Claville) peut-être que la démangeaiſon d'écrire eſt la folie la plus marquée. Mais (ajoute-t'il) Pourquoi les hommes font-ils ce qu'ils font, & pourquoi ai-je fait comme les autres, ſachant bien mon incapacité? Si quelqu'un s'en formaliſe, je lui repondrai ce qu'à dit M. Boileau avant moi :

Ecrive qui voudra, chacun à ce métier.
Peut perdre impunément de l'encre & du papier.

Sur ce principe, j'ai écrit; me lira qui voudra, ce n'eſt point pour en tirer vanité; je n'ai ni préſomption ni amour propre. Eh! comment en aurois-je, je n'ai jamais eu aucune notion d'étude, que pourroit-on eſpérer d'ingénieux de moi? Je n'écris donc pas dans la vûe de me faire un nom ; ma ſeule ambition ſe borne à être utile à mes compatriotes, en mettant par écrit les obſervations que j'ai faites ſur la fabrication de l'Indigo. Quelques amis trop flatteurs peut-être, ayant voulu exagerer mon habileté dans le métier d'Indigotier, m'ont inſinué de rendre mes remarques publiques, pour qu'elles devinſſent profitables aux perſonnes qui travaillent à cette fabrication. Mon zèle m'a donné de l'émulation ; j'ai fait mon poſſible pour en donner l'idée la plus juſte ; me traitera qui voudra de viſionnaire, il n'en eſt pas moins vrai qu'il y a quelque choſe de curieux dans mon petit projet, que nos Colons mettront à profit après s'en être inſtruits. Je les mets à portée d'en juger. Si la bonne volonté a quelque mérite, j'eſpére que le public me ſaura gré de mon travail ; & ſi je n'ai pas bien réuſſi, j'aurai au moins l'avantage de l'avoir entrepris.

Il m'eſt revenu que nombre de perſonnes ſe ſont récriées ſur le portrait, hydeux en apparence, que j'ai fait du génie des Negres, prétendant par là que je voulois inſinuer qu'il n'y en a aucun de bon. Si ces mêmes perſonnes avoient fait attention que j'inſtruis un Apprentif Econôme, nouvellement initié dans le myſtère, à qui je découvre les vices de cette race d'hommes, afin de s'en garantir, je ſuis perſuadé qu'ils penſeroient tout autrement. Si j'avois écrit en hiſtorien, j'aurois pû, en découvrant leurs vices, montrer leurs bonnes qualités; mais cet objet eſt fort indifférent à mon Eléve, qui n'a beſoin que d'être inſtruit. Je ſçai qu'il y en a quelques-uns parmi eux qui ont leur bon, (quoiqu'ils ſoient furieuſement clairs ſémés;) qui volontiers ſe ſacrifieroient pour ſauver la vie à leurs Maîtres; mais dans ce cas, preſque toujours, quelqu'intérêt ſecret les y pouſſe.

Cependant il en eſt quelques-uns, qui, lorſqu'ils ont pris leurs Maîtres en affection, leur portent une tendreſſe vraiment filiale. Mais me convenoit-il de faire l'éloge des Negres? Non, ce n'eſt point là le but que je me ſuis propoſé. D'ailleurs ſi on entreprenoit de déveloper les défauts & les vices qui régnent parmi nous, ſans y joindre ce que nous avons de vertus, penſe-t'on que le portrait en fût moins hydeux que celui des Négres? Hélas! ce n'eſt qu'à regret que j'oſe même bien avancer qu'il n'y auroit pas de comparaiſon, & que les défauts, les vices & les imperfections des Négres ne nous paroîtroient que des fautes légéres, & des ſimples pécadilles, ſurtout ſi on fait attention à la perverſité de leurs inclinations & à leur génie extrêmement borné; car ce ce Negre ſans éducation, ne ſait point la portée du mal qu'il fait, quoiqu'il n'ignore pas que c'en ſoit un, & s'il dérobe quelque choſe, il ne reflechit gueres ſur le tort que le propriétaire en ſouffre, cela n'entre pas même dans ſon eſprit ; ſi aujourd'hui il vole un veau, il s'imagine qu'il peut être facilement remplacé dès le lendemain par la naiſſance d'un autre ; ſa morale eſt auſſi bornée que relâchée ; il croit tous les Blancs riches, ou du moins qu'induſtrieux comme ils ſont, ils doivent l'être. Les Negres ſe croient d'autant mieux fondés dans leur préjugé à cet égard, qu'ils en voient des exemples journellement par le nombre infini de perſonnes qu'ils ont vû arriver dans les Colonies avec très-peu de choſe (pour ne pas dire rien,) acquerir des richeſſes immenſes, ce qui fait qu'ils enviſagent tous les Blancs comme leurs maîtres, quoiqu'ils ſoient aſſurés & même bien certains que tôt ou tard ils en changeront, par les héritiers des uns, qui ſuccédent pour l'ordinaire & même inconteſtablement aux autres.

Je pourrois bien me diſpenſer de repondre à une pareille objection, ayant l'applaudiſſement des Connoiſſeurs; mais comme je voudrois contenter tout le monde, j'ai cru que ceux qui n'avoient pas aſſez de diſcernement & de lumiéres pour en juger ſainement, avoient beſoin d'être déſabuſés.

DISCOURS
PRELIMINAIRE.

TOUS ceux qui voyagent aux Iſles Françoiſes de l'Amérique, ſavent, ou doivent ſavoir qu'on y fabrique l'Indigo. Il s'en fait auſſi aux Indes Orientales & dans l'empire du grand Mogol. Ce dernier paſſe même pour le plus beau, ce qui eſt une pure prévention pour le faire valoir d'avantage, à cauſe qu'il vient de plus loin. Moi qui en connois les conſéquences, je ne donnerai pas volontiers dans cette erreur, attendu les preuves convaincantes que j'en ai, ayant travaillé avec un ſuccès preſque toujours égal l'eſpace de pluſieurs années, pendant leſquelles je n'ai rien laiſſé échaper de ce qui peut ſe pratiquer pour faire un ouvrage achevé en ce genre.

Afin que l'ordre régne dans mon petit projet, il ne ſera pas hors de propos de commencer par faire le détail de l'Indigoterie; elle a trop de relation avec la ſuite de cet ouvrage, pour n'y point être admiſe. D'ailleurs, ceux qui n'en ont point vû, ne ſeroient pas pleinement ſatisfaits ſi je l'euſſe omiſe. A l'exemple du Pere Labat, qui en a fait un détail aſſez ſuccint, j'ai cru devoir ſuivre à peu près la deſcription qu'il en donne, moins par néceſſité, que pour abréger le tems qu'il m'auroit fallu mettre pour faire un autre arrangement, qui dans le fond devoit tendre au même but. On ſera convaincu de cette vérité par la ſuite de mon ouvrage, qui n'auroit pû avoir la netteté convenable, ſi javois imité differens Voyageurs, qui pour l'ordinaire ne rapportent les choſes que très-confuſément dans leur relations, ſans con-

noiſſance du ſujet qu'ils traitent & ne ſe reglent que ſur le témoignage d'autrui. Je ſupoſe même que ces Hiſtoriens euſſent été les témoins oculaires de ce qu'ils avancent, cela n'eſt pas aſſez ſuffiſant pour entreprendre une deſcription fidèle & exacte de tout ce qui concerne l'Indigo. Ainſi, il ne s'agit pas d'avoir été ſimple ſpectateur, il faut encore l'avoir pratiqué nombre d'années pour en parler ſavamment.

C'eſt donc ſur une expérience conſommée que j'entreprends cet ouvrage, ſans m'inquiéter des détails réïterés que pluſieurs Auteurs en ont déja fait, & qui mal informés, ſont tombés dans les erreurs les plus abſurdes, dépouillées non-ſeulement du ſens commun, mais même du vrai-ſemblable.

Par cette raiſon, & fondé comme je ſuis ſur une pratique à toute épreuve, j'ai cru pouvoir y travailler ſur nouveaux frais; mon deſſein, mes intentions & mes vûes étant tout-à-la-fois, non-ſeulement de ſatisfaire les curieux, mais encore plus d'inſtruire par des principes appuyés ſur des vérités inconteſtables, un Aprentif qui a de l'ambition pour devenir parfait Indigotier.

Dépourvû comme je ſuis de talens acquis dans la Litterature, je ne puis préſenter dans mes écrits qu'une grande ſimplicité, que j'oſe même propoſer pour garant de ma ſincerité. L'Utile convient mieux à mon but que l'agréable; ainſi le Lecteur peut ſe conſoler d'avance, s'il ne rencontre pas ce certain ſel qui aſſaiſonne ſi bien le moindre recit; je ne puis lui offrir que la vérité toute nue, ſans fard & ſans déguiſement, étant opposé à pluſieurs Auteurs, qui, avec une emphaſe impoſante, nous débitent ſouvent des grands riens. Je veux croire qu'ils péchent par ignorance, mais l'ignorance involontaire n'eſt pas toujours une excuſe légitime. Il convient à un Ecrivain d'être ſincere, & de s'inſtruire des ſujets qu'il doit traiter. Pour moi qui n'écris qu'avec preuves en main, je n'ai d'autres reproches à craindre que d'être trop ſtérile en ſtile. La matiére eſt aſſez ſéche d'elle-même, & j'avoue franchement qu'elle auroit beſoin d'une plume plus habile que la mienne pour la faire goûter. Mais ceſſons de nous étendre d'avantage ſur cet article, de crainte qu'on ne s'imagine que j'affecte une modeſtie outrée pour m'attirer des louanges. Je termine donc ces vains diſcours, pour en revenir à ce que je me ſuis propoſé.

Le Plan figuratif ou idéal repréſenté ci-derrière, en donnera une plus juſte idée; ayant un peu de deſſein, il m'étoit facile de donner cette ſatisfaction à mes Lecteurs. J'y ai ajouté tout l'aſſortiment néceſſaire à une Indigoterie, en expliquant l'uſage de chaque choſe en particulier, afin d'éviter ce qui pourroit échapper dans une ſimple relation.

LE PARFAIT INDIGOTIER

PREMIERE PARTIE.

DESCRIPTION DE L'INDIGOTERIE.

LES Indigoteries ſont des Cuves de maçonnerie, enduites & cimentées, où l'on met en digeſtion ou en pourriture, la plante nommée *Indigo*, & dont on tire cette couleur. Elles ſont triples les unes au-deſſus des autres & forment une eſpèce de caſcade, enſorte que la ſeconde Cuve qui eſt plus baſſe que la premiére, puiſſe recevoir la liqueur que cette premiére contenoit, lorſqu'on débouche l'ouverture qu'on y a pratiqué, & que la troiſiéme puiſſe à ſon tour recevoir ce qui étoit dans la ſeconde.

La premiére de ces Cuves, qui eſt la plus grande & la plus élévée, s'apelle *la Pourriture*. On lui donne ordinairement dix à douze pieds de longueur, ſur neuf à dix de large, & trois de profondeur; obſervant de lui donner une pente raiſonnable dans le fond qui conduit vers le robinet, afin de donner lieu aux écoulemens des eaux. La ſeconde qui eſt *la Batterie*, eſt plus étroite que la premiére, mais beaucoup plus profonde, afin que l'eau ne ſe repande pas par l'agitation du battage, dont la quantité pourroit cauſer une perte aſſez notable, c'eſt pourquoi on doit obſerver comme à l'autre, de lui donner une pente douce pour l'écoulement des eaux; & la troiſiéme, qui eſt ſans comparaiſon bien plus petite que la ſeconde, s'appelle indifféremment, *Baſſinot*, *Diablotin*, ou *Voleur*.

Le nom des deux premiéres Cuves convient parfaitement à leur uſage. *La pourriture* eſt ainſi nommée à cauſe qu'on y met tremper la plante où elle fermente & pourrit après que la ſubſtance de la plante s'eſt répandue dans l'eau par la fermentation que la chaleur y a excitée. C'eſt dans la ſeconde qu'on agite & bat cette même eau chargée des ſels de la plante, juſques à ce que les ayant réunis & ſuffiſamment coagulés pour faire corps, on ait formé les grains qui compoſent cette teinture.

Quant au nom de la troiſiéme Cuve, qui en porte trois également contradictoires & qui ne ſauroient lui convenir que par caprice, ce ſont (comme je l'ai déja dit) *Baſſinot*, *Diablotin*, ou *Voleur*. Si ce dernier lui convient, c'eſt apparemment parcequ'il engloutit tout l'Indigo. Si le premier lui eſt propre, c'eſt par la reſſemblance qu'il a du plat à barbe, aprochant en quelque façon de cette figure, par une éſpèce d'ouverture qu'il a ſur le bord, ſemblable à l'encolure de ce Baſſin. Et enfin ſi le ſecond peut avoir quelque convenance avec le terme de *Diablotin*, c'eſt ſans doute, comme dit le P. Labat, parcequ'il eſt beaucoup plus coloré que les autres.

Quoiqu'il en ſoit, c'eſt dans ce *Baſſinot*, *Diablotin* ou *Voleur*, comme il vous plaira le nommer, qu'on met l'Indigo commencé dans *la Pourriture* & perfectionné dans la *Batterie*; il s'y unit & ſe met en maſſe, à cauſe qu'il eſt détaché des eaux qu'il avoit encore; il en eſt enſuite retiré pour être mis dans des petits ſacs de toile de la longueur de dix-huit pouces, & enſin dans les caiſſes, comme je le dirai ci-après.

Définition de l'Indigo parfait.

L'Indigo compoſé des ſels & de la ſubſtance de cette plante, ne ſe forme que par les effets de la fermentation qui diſſout les parties ſalineuſes des feuilles, qui ſe coagulent par le mouvement violent du battage, qui lui donne un corps ſuffiſant pour s'amaſſer en maſſe, & former cette eſpèce de pâte que le ſoleil par ſa chaleur acheve de ſécher, & qui par une eſpèce de comparaiſon, lui met la derniére main.

Mais comme il y a quelque choſe de merveilleux dans l'opération de ſa diſſolution, par les effets extraordinaires de la fermentation, je vais donner une idée juſte des différens changemens qui y arrivent ſucceſſivement.

Effets merveilleux de la fermentation.

Le premier effet de la fermentation, eſt un petit bouillonnement à peu près comme celui d'une petite fiole qui tombe dans l'eau & dont le goulot étroit de ſon entrée excite quelques petits ballons d'eau, chacun deſquels jettant une petite teinture verte, qui par dégré augmente de telle façon, que l'eau en est toute chargée & vient d'un verd extrêmement vif, qui étant à son plus haut dégré, change en un cuivrage superbe (*) lequel à son tour est effacé par une crême d'un violet très-foncé; pour lors on voit les effets terribles de la fermentation; la Cuve ayant acquis le dégré de chaleur qui lui est propre, bouillonne de tous côtés avec tant de violence, qu'elle en jette de pyramides d'écumes, qui ressemblent à des flocons de neige. Ce n'est pas par exagération que je me sers de l'expression de *terrible*; on en a vû dont les barres, qui ont au moins six pouces d'écarissement sur chaque face, se rompent & arrachent même les clefs qui ont bien cinq à six piés de circonférence, & dont la moitié est enfoncée dans la terre; mais la Cuve a fort peu de tems à foudroyer de cette façon; car il est vrai de dire que ces sortes de cas ne sont pas communs, & qu'ils n'arrivent guéres que dans les grandes chaleurs & à mesure que l'Indigo travaille avec tant de force.

Erreurs de quelques Auteurs refutées.

Avant de passer outre, je remarquerai

(*) J'entens la superficie seulement, car toute la masse d'eau est toujours verte.

une erreur où quelques Auteurs sont tombés par ignorance, ou pour mieux dire, faute d'expérience. Ces Messieurs soutiennent (physiquement sans doute) que ce n'est pas la feuille qui fait l'Indigo, qui selon eux n'est qu'une teinture ou couleur visqueuse que la fermentation de la plante repand dans l'eau. Quelle apparence y a-t'il que les branches & l'écorce puissent faire un aussi subit effet dans plus de deux à trois cens séaux d'eau extrêmement fraîche, que celui d'épaissir cette même quantité d'eau en moins de dix à douze heures de tems qu'il arrive souvent qu'une Cuve fermente? Il est manifestement contradictoire, que la plante qui est dure & cassante, puisse l'épaissir à un dégré supérieur à celui du blanc d'œuf, comme en effet il est à la connoissance de tous ceux qui en ont vu fabriquer. Peut-on être susceptible de doute, à la vûe de l'herbe qu'on jette, qui après qu'elle a fermenté, n'a plus qu'une feuille extrêmement fine & molle, de forte & charnue qu'elle étoit auparavant? Qu'est donc devenu son volume? Sans doute qu'il s'est dissout & que c'est de cette dissolution que se forme l'Indigo. Si pour être convaincu de cette vérité il faut donner des preuves plus claires à Mrs. nos Physiciens, je leur ferai observer que quand la chenille a fini d'en devorer toutes les feuilles, on eſt forcé de ceſſer la coupe. Si donc la plante contenoit les ſels propres pour la compoſition de cette teinture, les ravages des chenilles ne feroient pas plus de tort à nos revenus, que d'impreſſion ſur nos eſprits.

Indigo de Sarqueſſe ; on ne ſe ſert que des feuilles, au raport de M. Tavernier.

Mr. Pomet, Auteur de l'hiſtoire des Drogues, écrit ſur le raport de M. Tavernier, que les Indiens du Village de Sarqueſſe, ne ſe ſervent que des feuilles & jettent la plante, & que c'eſt de cet endroit que ſort l'indigo le plus eſtimé. Ceci confirmeroit très-bien mon opinion, ſi le fait ne paroiſſoit douteux ; auſſi, n'eſt-ce pas ſur un ſi foible témoignage que je prétens me fonder. Quelle apparence y a-t'il que des hommes (dont l'indolence égale la ſtupidité) s'amuſent à éplucher les feuilles de chaque plante ? Quel tems ne faudroit-il pas pour remplir une Cuve de petites feuilles moins grandes que celles de notre Buis d'Europe ? Je ſupoſe même que la choſe puiſſe s'exécuter, eſt-on certain du ſuccès de la diſſolution ? Toutes les feuilles entaſſées les unes ſur les autres ne feroient-elles pas un maftic, capable d'empêcher l'eau d'y pénétrer ? Mille Indiens pourroient-ils couper & éplucher affez d'herbe pour remplir une Cuve ? On ne m'objettera pas qu'au lieu d'un jour on en mettroit trois, puifque la premiére herbe coupée feroit tellement rôtie du foleil, qu'elle fe pulveriferoit au moindre attouchement. Si c'eft fur ce principe qu'on eftime les Indigos des Indes Orientales au-deffus des nôtres, je fuis en droit de faire valoir l'ancien proverbe à la lettre : qu'*opinion chez les hommes fait tout.*

L'expérience m'a convaincu que nous pouvons pouffer la qualité de l'Indigo à fon plus haut dégré, en l'employant fidélement ; mais ce qui rebute des gens uniquement attachés à leurs intérêts, c'eft qu'il a beau être au-deffus du commun, on ne le fait pas valoir d'avantage que le prix courant ; car j'ai remarqué depuis long-tems, que ce n'eft pas l'Habitant qui taxe le prix de fa marchandife, il faut au-contraire qu'il fe conforme à celle des Capitaines de Vaiffeaux, qui ont encore le droit de taxer la leur. Pour moi, fans avoir égard à une coûtume qui me paroît affez bizarre, je me fuis plus attaché aux moyens de le perfectionner, qu'à chercher d'en augmenter le volume ; mais comme les fentimens différent les uns des autres, & que l'intérêt penche du côté du plus grand nombre, il s'ensuit que nous voyons communement autant de mauvais Indigos que de bons, sans compter qu'il y en a plusieurs qui se mêlent d'en faire, à qui il conviendroit de passer encore quelque tems sous la main de quelque habile Maître.

Joignons à ceci la qualité des bons terroirs & des eaux pures qui influent beaucoup sur le lustre de l'Indigo, qui demande un terrein noir & leger, une eau pure, claire & vive; (*) cependanr il y a des habitans qui font chauffer l'eau au soleil dans des bassins de maçonnerie qu'ils font faire exprès pour cet usage, dans l'intention que la fermentation se fasse plûtôt, ce qui arrive effectivement, souvent au dépens de la qualité qui en souffre; mais l'Indigo acquiert par là un poids plus massif que celui qui est fait avec l'eau vive.

Indigo franc; sa description.

De tous ceux qui ont écrit sur la figure de cette plante, il n'en est aucun qui s'en

(*) Les Indigos des Mornes sont plus beaux que ceux de la plaine à cause des eaux vives; je pourrois y ajouter la légéreté du terrein par raport à sa pente. Les grains d'Avallasses ne sauroient le mastiquer comme celui du païs plat.

ſoit mieux acquitté que le Pere Labat ; il avoit un talent merveilleux pour déſigner les choſes au naturel. J'ai lû pluſieurs Auteurs qui font mention de l'Indigo, mais aucun n'en approche. François Pirard lui donne la reſſemblance du Romarin, auquel il a autant de raport que l'ozier à la vigne. M. Tavernier le compare au chanvre, ſans autre explication. Mais à quoi bon ennuyer le Lecteur par des citations inutiles. Voici la deſcription que le Pere Labat en fait, où il s'explique parfaitement bien ; je remarquerai ſeulement que c'eſt de l'Indigo franc qu'il parle ; je me charge de faire celle des autres. « L'Indigo eſt une plante qui croîtroit juſqu'à » deux pieds de haut & même d'avantage » ſi on ne la coupoit dès qu'elle ſort de » terre. Elle ſe diviſe en pluſieurs petites » tiges noüeuſes, & ſe garnit de petites » branches comme des ſcions, qui ont » chacune juſqu'à huit couples de feuilles » terminées par une ſeule qui en fait l'ex» trêmité. Ces feuilles ſont ovales, tant » ſoit peu pointues, aſſez unies & fortes, » elles ſont charnues & douces au toucher, » les branches ſe chargent de petites fleurs » rougeâtres & de la figure à peu près de » notre Geneſt, mais plus petites, aux» quelles ſuccédent des ſiliques ou coſſes d'environ

» d'environ un pouce de longueur & de
» peu de grosseur, qui renferment des
» grains ou semences ressemblantes pour
» la grosseur, la consistance & la couleur
» à celle de nos raves.

Voilà la description de l'Indigo franc; mais il y en a de plusieurs espèces qui ne sont pas toutes en usage; je commencerai par celles que j'ai employé qu'on distingue en trois sortes différentes; savoir, le franc, le bâtard, le gatimalo ou guatimala, qui tire son origine de cette côte qui est sous la domination Espagnole dont il porte le nom.

Le premier est celui qui rend le plus de teinture & se fait avec beaucoup de facilité, mais dont le succès de la plantation est fort douteux; sa tige tendre & délicate en naissant est susceptible de bien d'avaries; le vent, la pluie, le Soleil, tout conspire à sa destruction, la terre même où il croît semble lui refuser ses secours; si elle est un peu usée, il languit sur pied, & ne produit que de foibles tiges qui perissent dès leur naissance; le brûlage est un autre accident aussi fâcheux que les premiers; il y est fort sujet le premier mois de son cru, ce qui tient toujours alors l'habitant entre la crainte & l'espérance.

Il n'eſt pas difficile d'expliquer les cauſes de ces brûlages, les rayons ardens du Soleil venant à larder ſur l'Indigo naiſſant après des frequentes pluies, communiquent à la terre une chaleur trop vive, qui venant ſubitement ſur cette terre, refroidie par la quantité d'eau dont elle étoit imbue, échauffe tellement la plante, qu'elle ſe couche comme un herbe fânée & ſe conſume par la chaleur; cette perte dérange conſidérablement l'habitant, qui pour avancer ſes revenus, tâche de planter de bonne heure; en quoi il convient d'être vigilant.

Il eſt encore ſujet pendant ce même tems à un petit inſecte que nous appellons vers brûlant; ce petit animal qui approche pour la figure de celle d'une petite chenille, s'envelope d'une toile d'araignée, qui couvre & entrelace ſa tendre tige, la brûle & la fait perir. (*)

A ces accidens on peut joindre celui des chenilles, qui dévorent en moins de

---

(*) Ce n'eſt pas l'animal qui brûle la tige, ce n'eſt proprement que ſa toile, qui reçoit la roſée de la nuit dont elle eſt toute remplie, & que le Soleil à ſon retour chauffe de ſes rayons, qui font pour lors le même effet que l'eau bouillante.

deux fois vingt-quatre heures des chaſſes entiéres d'Indigo ; cette perte eſt ſuivie d'une autre plus conſidérable cauſée par le roulleux, autre eſpèce de chenilles plus groſſes que les premiéres, qui s'attachent à ronger les ſouches & les bourgeons à meſure qu'ils repouſſent ; ces inſectes ont un inſtinct tout particulier, ils ſe fourrent dans la terre pour éviter les plus fortes chaleurs du jour, & ils en ſortent à la fraîcheur pour travailler de nouveau le reſte du jour & la nuit ſuivante ; ce manége dure quelques fois deux mois de ſuite & les ſouches en paroiſſent comme mortes ; il y en a même beaucoup qui en meurent effectivement, après quoi ils ſe convertiſſent en chryſalides pour devenir papillons & habitans de l'air ; ce malheur eſt d'autant plus grand, qu'il arrive toujours dans la plus belle ſaiſon, & lorſque l'Indigo rend le plus. L'Indigo bâtard eſt moins ſujet à ces inſectes, qui ſont bien plus avides du franc ; celui-ci à ſon tour ſe dépouille facilement de ſes feuilles au moindre grain de pluie qui n'en épargne que la tige, ce qui fait qu'il faut le double de l'herbe pour remplir la cuve, & par-là il cauſe une perte de la moitié au propriétaire ; ſi on fait réflexion à tant de pertes qu'il eſt impoſſible de prévenir & d'éviter, on ne ſera pas ſurpris ſi cette Manufacture a décliné preſque à extinction, (*) en effet, le plus grand nombre des habitans l'a abandonnée pour faire du Sucre.

Indigo bâtard ; ſa deſcription.

L'Indigo bâtard qui différe de l'autre par ſa grandeur, eſt une plante qui croît par tout, moins haut ſans contredit dans une terre ingrate ; ſa feuille eſt plus longue & plus étroite que celle du franc, d'un verd beaucoup plus clair, un peu plus blanc par deſſous, bien moins charnu & rude au toucher, même juſqu'au picotement ; il croît juſqu'à ſix pieds de haut ſi on ne le previent, ce qui eſt de conſéquence pour le travailler avec ſuccès pendant ſa qualité requiſe, en la laiſſant croître à ſa grandeur naturelle ; en-

(*) Il n'y a plus qu'à Mirbalais, aux Gonaïves & à l'Artibonite où ces Manufactures fleuriſſent, il y en a dans cette derniere contrée d'aſſez conſidérables pour occuper annuellement, cinq à ſix cens têtes de Négres : pour le département du Cap, il n'y a guere qu'aux Limbé, Port-Margot & Plaiſance, qu'il s'en fait le plus, bien que ce ſoit peu de choſe en comparaiſon des autres.

ain, le meilleur Indigotier y employe-roit-il toute ſa ſcience pour réuſſir alors ; auſſi eſt-on ſoigneux de le prévenir en le coupant ſitôt qu'il commence à fleurir ; il peut avoir alors trois pieds ou environ ; il y a pourtant des cas où il eſt bon de différer la coupe, c'eſt lorſque l'Indigo, par une trop grande abondance de pluie a cru tout d'un coup, & qu'il y a apparence de beau tems ; huit jours de tems favorable lui donne du corps, & diſſipe les difficultés qui pourroient ſe preſenter à la fermentation, ſans cette precaution il embarraſſeroit le plus habile maître ; il arrive même ſouvent que l'excès des pluies nous met dans le cas de jetter toute une coupe, ſon grain n'ayant point de corps ſe diſſout au buquet, alors pour ne pas occuper les Négres inutilement, on fait couper l'herbe ſans différer pour ne pas retarder la coupe prochaine ; c'eſt ce qui arrive ordinairement à une premiére coupe, qui eſt la ſaiſon la plus humide.

Bonnes qualités de l'Indigo bâtard.

Si l'Indigo bâtard eſt plus difficile à faire que le franc, il a bien des avantages que celui-ci n'a pas, 1°. l'Indigo bâtard vient partout & en tout tems. 2°.

L'Indigo en eſt plus maſſif, plus fin & plus cuivré ; il réſiſte long-tems à toute ſorte d'inſectes ; les pluies même ne ſauroient l'endommager que par un excès qui n'eſt pas commun, & qui le devient d'autant moins tous les jours à meſure que le pays ſe découvre & s'habite ; il rend moins d'Indigo à la vérité, mais cette perte eſt balancée par la grandeur de l'herbe, dont il en faut bien un bon tiers de moins pour remplir une cuve ; le tout bien calculé, on trouvera que l'un revient bien à l'autre ; & comme il eſt rare qu'il périſſe dans ſes commencemens, on en plante toujours ſans aucun égard à ce qu'il eſt plus difficile à faire, & ſurtout dans les vieux terreins, réſervant les meilleures terres pour le franc ; mais il eſt très délicat ſur ſon point de maturité qu'il faut examiner avec ſoin, & ſe bien garder de lui laiſſer nouer ſa graine, car pour lors ; il eſt très difficile à faire ; & ſi l'Indigotier eſt aſſez habile pour y parvenir, il rend ſi peu d'Indigo, (à moins qu'on ne ſoit dans les plus fortes chaleurs) que la peine paſſe le profit ; mais ſi on eſt exact à le prévenir, on en fait de l'Indigo magnifique, lorſqu'on porte tous ſes ſoins, tant à la pourriture qu'au battage.

Cette sorte d'Indigo est fort long à croître, c'est pourquoi plusieurs préférent le franc, quand le terrein le permet; celui-ci en deux mois, quelques fois en six semaines si la saison est favorable, peut se couper. Quant au bâtard, il lui faut plus de trois mois; on fait même un mêlange de l'un & de l'autre; & bien que le bâtard soit plus tardif, on ne laisse pas de les couper ensemble, quand l'un des deux se trouve en état de l'être; le rejetton du bâtard ayant cela de commun avec le franc, qu'il repousse avec la même vigueur, & que six semaines après on les coupe comme si les deux espèces n'en fesoient qu'une seule. On a avec cela l'avantage par ce mêlange que le bâtard embellit le lustre du franc, celui-ci à son tour ayant le grain plus beau, donne une grande facilité à l'Indigotier pour le succès du degré de la pourriture.

Gatimalo, sa qualité.

Le Gatimalo est une espèce d'Indigo dont la ressemblance a tant de rapport au bâtard, qu'il seroit presque impossible de distinguer l'un d'avec l'autre sans les siliques qui renferment la graine qui sont de couleur rouge brun aussi bien que la graine ; celles du bâtard ſont jaunes, & la graine noire comme de la poudre à canon, à qui elle reſſemble parfaitement ; comme le Gatimalo eſt très difficile à faire & qu'il rend bien moins que le bâtard, il n'eſt guere en uſage, mais la graine ſe trouvant mêlée avec l'autre, on n'eſt pas le maître de le détruire, quelque précaution qu'on prenne pour y parvenir.

Indigo ſauvage.

Il y a une ſorte d'Indigo qui croît dans les Savannes (*) qui reſſemble à un arbriſſeau, dont le tronc court & touffu eſt fort gros, ſes branches étant adhérentes à la racine, les feuilles ſont plus rondes & plus petites que celles du franc, mais très minces, auſſi n'eſt-il propre à rien.

Indigo mary.

L'Indigo mary qui a de la reſſemblance au franc par ſa feuille, excepté qu'elles ſont moins charnues, ſe trouve rarement; quelques uns aſſurent qu'il rend beaucoup d'Indigo, mais il y a toute apparence du

(*) Par Savannes on entend une eſpèce de pré.

contraire, puiſque perſonne ne s'eſt encore aviſé d'en planter. Il y en a encore d'une autre eſpèce qui croît fort haut, dont les branches s'étendent à plus de ſix pieds à la ronde, & duquel les coſſes ont un pied de long & la figure d'une aiguille à emballer.

La grande pratique fait le bon Indigotier.

Il faut avoir une pratique conſommée pour être habile Indigotier, car ce qui arrive dans un tems ne ſe voit pas dans l'autre; il ſeroit même bien difficile d'en donner une idée juſte, à moins de le pratiquer; lorſque nous ſommes dans la belle ſaiſon ce n'eſt qu'une routine; mais dans une ſaiſon dérangée, celui qui ſe croyoit habile n'eſt plus qu'un ignorant. Il eſt vrai que l'Indigo n'a pas la même délicateſſe partout; plus l'air eſt tempéré, plus il eſt difficile; & comme j'occupe un terrein qui demande beaucoup d'attention pour cette marchandiſe, je puis me flatter que par ma grande application & mon exactitude à obſerver juſqu'au moindre mouvement, j'y ai fait des découvertes peut-être au-delà de tous ceux qui s'en ſont mêlés juſqu'à préſent: je redoublois mes ſoins à meſure qu'il y naissoit des difficultés, de façon que je fesois mistère de tout; & si je ne craignois d'être taxé d'affectation, je dirois qu'il y a un talent, ou plutôt un don attaché à ce métier.

Il faut visiter l'herbe pour juger de la pourriture.

Un habile Indigotier doit avant de couper l'herbe, en faire la visite, afin de pouvoir juger à peu-près du tems qu'elle demandera à pourrir, ce qui seroit bien difficile d'accuser au juste; on en fait une estime du plus ou du moins, selon la saison ou du tems sec ou humide. Il ne faut pas être bien habile pour comprendre que l'Indigo qui croît dans les beaux jours, pourrit d'avantage que celui qui aura crû tout d'un coup par l'abondance des pluies; c'est ainsi que l'Indigotier doit raisonner, & être exact à visiter sa cuve huit à dix heures avant qu'elle ait acquis sa qualité propre, ou du moins suivant l'idée qu'il en a conçu.

En quelle saison on plante l'Indigo.

Les habitans (du moins ceux du département du Cap) qui ne veulent pas risquer leur graine, commencent à planter leur Indigo après les Fêtes de Noël, & peuvent continuer jusqu'au mois de Mai ; cette derniere plantation est même la plus favorable, n'étant pas sujette au brûlage ; mais comme la saison est trop avancée, elle ne produit que deux ou trois coupes, après quoi les nords venant en abondance, les souches meurent, mais on coupe le premier planté jusqu'à cinq fois ; le bâtard se plante depuis la Toussains, jusqu'au mois de Mai inclusivement.

Quelqu'impropre que paroisse le terme de planter de la graine, je ne laisserai pas de m'en servir pour me conformer à l'usage du pays, qu'il ne m'appartient pas de changer ; je ne le crois pas si ridicule comme on le pense, car on ne sauroit dire absolument qu'on la séme, puisqu'on la pose dans chaque trou de hoüe que l'on fait, au lieu qu'ensémencer une terre est proprement jetter la graine par-ci par-là à l'aventure, sans pouvoir décider où elle lévera : je dirai donc comme les autres habitans, qu'avant de planter l'Indigo il faut dessoucher les vieilles souches, qu'on arrache à grands coups de hoües ; après quoi on nettoie le terrein autant qu'il se peut, on se sert pour cet effet d'un rabot pour hâcher les souches en pile, afin d'y mettre le feu pour les consommer ; ce rabot est un morceau de fond de baril, qui en terme du métier de Tonnelier s'appelle chanteau ; on l'emmanche d'une golette d'environ six pieds de long, après l'avoir percé dans son milieu, il est alors propre à cet usage. (†) Le terrein étant ainsi préparé on est en état de planter à la premiere pluie, ce que l'on exécute de cette maniére.

Maniére de planter l'Indigo.

Les Négres qui doivent y travailler se rangent sur une ligne, à la tête du terrein & marchant à reculon, ils font des petites fosses de la largeur de leur hoüe, & de la profondeur d'environ deux pouces, distantes de cinq à six, & en ligne droite le plus qu'ils peuvent pour cet effet ; & pour n'être pas interrompu lorsqu'on plante, il faut auparavant partager les divisions qu'on tire à la ligne, de façon que toutes les chasses doivent être marquées, afin qu'à la premiére pluie on mette aussi-tôt la main à l'œuvre, & qu'on ne s'occupe uniquement qu'à planter ; car

(†) Voyez l'Indigoterie page 15, figure 5.

étant incertain de la durée d'icelle, on ne doit pas laisser échaper des momens si précieux. A mesure que les Négres font les trous, les Négresses se munissent d'un couy de graine (*) qu'elles posent dans chaque trou ou fosse que les Négres viennent de faire, pendant que d'autres les suivent immédiatement avec les rabots & couvrent ces mêmes fosses d'un bon pouce de terre; sept à huit graines suffisent quand c'est du franc; on en met moins pour le bâtard, mais on n'a garde de les compter comme le prétend le P. Labat, qui dit qu'on en met onze ou treize grains, (faisant mistère du nombre impair.) Le tems est trop précieux dans nos Isles où on ne cherche qu'à faire diligenter le travail, & sur tout celui-ci où la pluie les y invite, car la terre étant une fois seche, il faut cesser de planter.

Planter à sec.

On est quelquefois obligé de planter à sec, c'est-à-dire, dans une grande sécheresse, afin d'avancer la plantation, un grain de pluie ou deux de suite n'étant

(*) Couy est une calebasse partagée en deux qui sert à cet usage.

pas suffisant pour planter une grande campagne de terre, mais on ne risque cette façon de planter que dans un tems où probablement on aura de la pluie. On fait donc les trous dans cette terre séche qu'on plante & couvre sur le champ en attendant la pluie qu'on croît ne pouvoir tarder ; c'est une grande avance pour l'habitant lorsque le succès répond à son attente, il voit lever cette graine tout-à-la-fois pendant qu'il a le tems d'en planter d'autre par l'occasion du même grain de pluie ; mais si au contraire la sécheresse s'opiniâtre, il risque à voir perdre toute sa graine qui s'échauffe & durcit par la grande chaleur, il y passe même souvent des faux grains de pluies dans cette saison, qui ne fesant qu'éffleurer la terre, font germer la graine, laquelle n'ayant pas la force de percer la terre, l'oblige nécessairement à pourrir, ce qui cause une perte d'autant plus grande à l'habitant, qu'elle comprend le tems perdu des Esclaves, un retardement considérable à ses revenus, & enfin le prix de la graine qui ne laisse pas de faire un objet, suivant la quantité qu'il en avoit planté. On a fait compte dans le département de Léogane (aujourd'hui Port-au-Prince) d'environ un demi million de perte, à l'occasion de ce fâcheux contre-tems.

En combien de jours la graine ſort de terre.

Quand c'eſt de l'Indigo franc, le troiſiéme jour on le voit lever, mais la graine bâtarde eſt quelquefois plus de huit jours ; ſelon qu'elle eſt plus ou moins mure, elle l'eſt plutôt ou plutard, mais jamais toute à la fois ; à chaque grain de pluie il en ſort de terre, il n'eſt même pas rare d'en voir lever d'une année à l'autre quant elle eſt trop mure ; auſſi a-t-on grand ſoin de prévenir cet excès de maturité, ce qu'on connoit à la gouſſe ; lorſqu'elle commence à ſécher, elle nous avertit qu'il eſt tems d'en faire la récolte.

Culture de la Plante.

Cette plante demande une bonne terre comme je l'ai déjà dit, elle mange & dégraiſſe le terrein où elle croît & veut être ſeule ; on ne ſauroit être trop attentif pour empêcher les herbes, de quelque nature qu'elles ſoient, de croître auprès d'elle ; & quelque ſoin qu'on ſe donne pour bien nettoyer le terrein, il ne faut pas s'endormir quinze jours ou trois ſemaines après que la plante eſt ſortie de terre, car les herbes qui croiſſent autour d'elle ne manqueroient pas de l'étouffer ſi on n'étoit pas exact à les ſarcler, & à réiterer cette même ſarclaiſon de quinze en quinze jours, juſqu'à ce que l'Indigo ſoit aſſez grand pour couvrir la terre de ſon ombre, & empêcher par-là les herbes d'y croître ; on n'a pas beſoin de pluie pour les faire lever, la chaleur du pays jointe aux abondantes roſées, en fait naître ſuffiſamment pour faire périr l'Indigo ſi on manquoit à le ſarcler.

Coupe de l'Indigo.

Pour couper l'Indigo on ſe ſert de grands couteaux courbes en façon de faucilles (à l'exception qu'ils n'ont point de dents), on coupe l'herbe à un bon pouce de terre, on en fait des paquets de la charge d'un Négre qu'on met dans des balandras, qui ſont des morceaux de groſſe toile de la longueur d'une aune & de la même largeur, afin qu'ils ſoient carrés, auxquels on met des liens à chaque coin pour les lier, afin d'emporter avec plus de ſureté la petite herbe comme la grande ; il y a un Négre qui a ſoin d'arranger l'herbe à meſure que les autres la jettent dans la pourriture : pour empêcher les vuides qui pourroient s'y former en jettant le paquet pêle-mêle les uns ſur les autres, & pour que l'herbe ne ſoit point foulée ou comme maſtiquée, le Négre la jette legérement par braſſée; trente ou quarante paquets ſuffiſent pour remplir une cuve de la grandeur marquée ci-deſſus.

Après avoir fini de remplir la cuve, on range des paliſſades deſſus & on la barre pour empêcher l'herbe de ſurnager à peu-près comme on fait au preſſoir quand on a fini d'y mettre le raiſin, enſuite on la remplit d'eau, on laiſſe fermenter le tout ſelon que la chaleur eſt plus ou moins grande (ou plutot ſuivant que l'herbe a plus ou moins de corps), la fermentation ſe fait plutôt ou plutard, quelquefois en douze, quinze, vingt ou trente heures, il y en a même qui vont à cinquante, rarement au de-là, (*) encore faut-il que ce ſoit une premiére cuve, & qu'il y ait long-tems qu'elle n'ait été occupée; on comprendra facilement par cette grande variété (d'autant plus que le grain ſe forme toujours différemment) qu'il faut qu'un Indigotier ſoit très attentif,

(*) On en a vû ne pourrir que ſix heures, mais cela eſt extraordinaire, & c'eſt là une preuve certaine qu'il rendra fort peu d'Indigo.

& qu'il n'eſt pas étonnant qu'il s'en trouve ſi peu d'habiles, il n'y a qu'une longue expérience qui puiſſe faire prevenir les évènemens qui ſurviennent. Il y avoit par exemple plus de ſix ans que je travaillois avec ſuccès à l'Indigo, lorſque je fis une nouvelle découverte au battage qui étonna bien des Indigotiers, qui n'étoient pas ignorans dans l'art. J'ai pourtant depuis trouvé une femme habile dans le métier qui m'a aſſuré qu'il lui en étoit arrivé autant, mais c'eſt l'unique (car il faut que je le diſe ici en paſſant, les femmes s'en mêlent auſſi & y font de grands progrès, je n'en ai connu aucune qui ne fût habile), je dirai en ſon tems ce qui m'arriva ſur ce ſujet. En parlant de raffinage je me rappelle avoir promis d'expliquer une découverte que je fis au battage, où je fus tellement obligé de raffiner qu'il me falloit entiérement diſſoudre le premier grain pour en faire venir un ſecond; à la vérité le premier n'étoit qu'un grain imparfait qui ne réſiſtoit pas moins au buquet que l'Indigo trop pourri, j'y fus même trompé d'abord & n'oſai pouſſer le battage voyant la foibleſſe du grain, & je fus ſur le point de croire que la cuve étoit effectivement trop pourrie, quand réfléchiſſant ſur les marques contraires que j'y avois obſervé (par la legereté de ſon écume qui étoit reſtée nette au moment que je ceſſai de battre), je compris quelque choſe de miſtérieux qu'il falloit développer, ce qui me fit conclure de laiſſer répoſer la matiére une heure ou deux, afin de m'en éclaircir plus amplement par la qualité de l'eau : je ne manquai pas d'y aller à l'heure ſuſdite, j'y trouvai une eau chargée de ſes ſels qui me fit comprendre que je n'en avois pas tiré toute la ſubſtance. Pour achever de m'en convaincre, je fis revenir mes Négres à qui j'ordonnai de battre de nouveau, ils ne s'en furent pas acquités pendant un demi quart-d'heure que je vis renaître un ſecond grain bien plus gros que le premier mais extrêmement plat, je le fis arrondir à force de battage, l'Indigo en étoit d'une très-belle qualité & s'égoutoit fort bien (*), d'une autre rouge comme de la biere ; toute la coupe ſuivit de même, l'augmentation ni la diminution n'y ayant pû faire aucun changement, je fus obligé de continuer, je le fis même remarquer à un de mes voi-

(*) Tout Indigo qui n'égoute pas bien, il y a du plus ou du moins, ſoit à la pourriture, ſoit au battage.

ſins habile dans le métier qui n'y comprit pas plus que moi, au contraire il m'aſſura franchement qu'il en auroit été la dupe, & ne ſe ſeroit jamais aviſé de faire partir un premier grain pour en faire venir un ſecond.

A quel degré on doit battre.

Si on veut battre une cuve comme il convient, il faut que l'Indigotier ſoit premiérement convaincu du plus ou du moins qu'elle peut avoir, s'il eſt habile il en ſera inſtruit avant que le grain ſoit formé; s'il y a de l'excès il ménagera le battage; s'il lui en manque, il doit le pouſſer juſqu'à raffiner; s'il a ſon point fixe, il doit bien ſe garder de l'outrer; pour peu qu'il lui en donne trop il lui ôte ſon plus beau luſtre; ſi on ne veut pas excéder, c'eſt d'obſerver lorſque le grain eſt ſur ſon gros & les dégrés de ſa diminution, juſqu'à ce que ce grain ſoit parfaitement rond, qu'il roule l'un ſur l'autre comme des grains de ſable fin, qu'il ſe dégage bien de ſon eau qui paroît claire & nette, & que la preuve qui couvre le fond de la taſſe, cherche à joindre l'eau quand on la panche, de façon que le cul de la taſſe reſte net ſans aucune craſſe; alors

Il eſt tems de ceſſer ; donner d'avantage de battage c'eſt vouloir tomber dans l'inconvenient d'en diſſoudre les parties les plus ſubtiles, car les grains de la tige n'ont pas la même conſiſtance que les autres, c'eſt ce qu'on remarque ſouvent après le battage d'une cuve trop pouſſée, par une eſpèce de grain volage qui reſte entre deux eaux, & qui, quoi qu'imperceptible nuit extrêmement à l'écoulage de l'eau, d'où il réſulte que la diſſolution des grains imparfaits qui ont eu trop de battage ne leur laiſſe pas le poids ſuffiſant pour couler au fond ; il s'enſuit delà que l'Indigo a peine à égouter ; ces grains fins s'attachant aux ſacs, en bouchent les pores ; de-là vient l'Indigo molaſſe qu'on ſe figure avec bien du fondement procéder de l'excès du battage, ce qui ſe confirme par les remarques des ſacs qui paroiſſent craſſeux ou plombés.

Plus on eſt pratique dans le métier d'Indigotier, plus on ſe perfectionne, on y apprend toujours quelque choſe, ainſi pour battre à propos il faut une longue expérience, il n'eſt pas qu'un novice d'un an ne s'en acquitte avec ſuccès, mais il lui ſera facile de ſe troubler, il lui arrivera ſouvent de trop battre ; accident ſans remede, & double perte pour le Propriétaire, tant ſur la qualité que ſur la quantité; la qualité en eſt ardoiſée, ce qui à l'égard du prix fait une différence très notable. Ajoutés à ceci les grains diſſous qui en lachant l'eau ſe perdent en partie, celui qui reſte ne ſauroit égouter, & par-là il ſe trouve une caiſſe d'Indigo liquide, qui avant d'avoir acquis ſa conſiſtance ordinaire diminue de la moitié, prix pour prix; j'aimerois mieux pêcher par défaut de battage que par excès; ſi l'Indigo en eſt leger, il eſt du moins beau & paſſera parmi le bon, outre qu'on peut y remédier quand on s'en apperçoit à tems, en recommençant le battage; c'eſt pourquoi il faut être ſoigneux à viſiter l'eau, deux heures après l'avoir battue.

RECAPITULATION.

Comme il ne ſauroit manquer d'y avoir de la confuſion dans un détail auſſi long, je penſe qu'après avoir expliqué en particulier, les difficultés occaſionnées par les dérangemens des ſaiſons, il convient de rappeller en général tout ce qui peut contribuer à dérouter l'Indigotier afin qu'il ſoit toujours en garde contre les ſurpriſes, car une cuve perdue en entraîne ſouvent une ſeconde, celle-ci dérange une troiſiéme & déconcerte l'Indigotier, pour prévenir cet inconvenient, il faut le tenir dans ſon aſſiette en faiſant ſes réflexions ſur ce qui ſuit, 1°. dans l'excès des pluies l'Indigo n'ayant pas de corps, doit par conſéquent avoir un grain imparfait, c'eſt à l'Indigotier de ne point s'arrêter au grain ſimplement, mais encore de s'attacher à l'eau en s'appliquant à la vivacité de ſa couleur, 2°. lorſqu'il y a trop de ſéchereſſe, l'Indigo manquant de ſubſtance ne peut produire qu'un grain mal formé auſſi bien qu'une eau qui ſera ſujette à une craſſe qui eſt la marque d'une cuve trop pourrie. 3°. La premiére coupe, les terres étant fraîches de même que les eaux, l'Indigo nous doit montrer un faux grain, mais les eaux étant belles l'Indigotier doit s'attacher a en faire ſon unique étude, bien entendu qu'au battage ſuivant, l'eau doit être ſon fidéle guide qu'il doit ménager avec une grande circonſpection. 4°. La coupe qui ſe fait immédiatement après les ravages des chenilles, ne manquera pas de produire une eau craſſeuſe, c'eſt-à-dire, qu'il y régnera une fleur qu'il doit bien prendre garde de ne pas confondre avec l'excès de pourriture, il doit auſſi lui donner moins de battage qu'à l'ordinaire pour que l'Indigo n'en soit point ardoisé, ce que je dis de cette coupe peut également s'appliquer à l'Indigo chargé de graine.

Qualité de l'eau après le battage.

Une heure ou deux après qu'on a cessé de battre, il convient d'aller visiter la qualité de l'eau, rien de plus nécessaire pour dissiper les doutes où l'on est sur son défaut, jamais une mauvaise cuve ne produit de belle eau, & plus son eau est chargée plus elle est suspecte de trop de pourriture; il y a plus d'apparence que c'est par trop de battage, car la cuve ayant trop de pourriture jusqu'au point de produire une eau chargée, l'Indigotier ne sauroit manquer de s'en appercevoir à son grain foible, au lieu que l'indigo approchant de son point fixe, il aura voulu raffiner ayant été frapé qu'il lui en manquoit autant comme il y en avoit de trop, ce qui l'aura fait tomber dans cette erreur; en ce cas il sera facile d'en décider en faisant réflexion sur le dégré de battage qu'il lui avoit donné, c'est là l'eau chargée dont l'Indigotier est souvent dupe, & que j'ai dit se confirmer par les sacs qui paroissent crasseux ou plombés, ce ce qui eſt inſéparable de l'Indigo trop battu comme celui qui eſt trop pourri, & qui fait que l'on confond l'un avec l'autre, d'où il réſulte naturellement un grand dérangement aux cuves ſuivantes. Ces ſortes de cuves produiſent une eau bleuâtre dans un fond verd : ce verd procéde de ce que la cuve étant trop pourrie, elle ne peut ſupporter aſſez le battage pour clarifier ſon eau ; ſon mêlange de bleu n'eſt autre choſe que les grains qu'on a diſſous, & dont la diſſolution colore toute la maſſe d'eau.

Autre remarque ſur le même ſujet.

Il y a une autre qualité d'eau qui eſt commune à une cuve trop pourrie, qui eſt brune en haut & qui à un pouce plus bas ſe trouve verte, c'eſt une marque infaillible de ſon excès, toutes ces cuves ſont ordinairement accompagnées d'une fleur épaiſſe qui ſe partage en forme de petits crapauds qui couvrent toute la batterie immédiatement après qu'on a ceſſé de battre ; lorſque ſon excès n'eſt pas outré, on trouve une eau d'un verd clairet, quelques fois brune, on a même bien de la peine à s'appercevoir de ſon défaut, l'eau en reſte nette ſans aucune craſſe, mais ces eaux ſont extrêmement difficiles à égouter, faciles à battre, écumant beaucoup ; l'Indigo molaſſe tirant ſur l'ardoiſe pour la qualité, cela manifeſte une heure ou deux de trop de pourriture, on pourroit bien même l'eſtimer à trois heures dans la belle ſaiſon, la raiſon en eſt, que la fermentation ne fait pas plus de progrès en trois heures à la St. Jean, qu'elle ne feroit en une heure aux ſaiſons dérangées, l'Indigo ayant plus de corps, ſa feuille eſt bien plus longtems à pourrir.

Qualité de l'eau d'une cuve qui manque de pourriture.

Une cuve qui manque de pourriture montre preſque toujours une eau rouſſe, ou d'un verd tirant ſur le jaune. Lorſque l'Indigo eſt battu à propos, il eſt exempt de tout mêlange de bleu, mais il eſt plus ou moins rouge à proportion qu'on s'écarte de ſon point, quelques fois on prendroit l'eau pour de la véritable Biere. La régle n'eſt pourtant pas ſi certaine qu'elle ne ſouffre de l'exemption, car il y a des coupes entiéres dont les eaux ſont toujours rouges, bien qu'il y ait le dégré de pourriture convenable, mais alors l'Indigotier peut s'en appercevoir au grain ; au reſte l'eau rouge ne fut jamais un mauvais préſage, l'Indigo en égoute bien, & ſa qualité en eſt toujours belle.

L'eau qui a la couleur d'eau-de-vie de Coignac eſt la plus belle qu'on puiſſe déſirer, parcequ'alors on eſt aſſuré d'en avoir tiré la quinteſſence, & qu'il n'y manque rien, ſoit en battage, ſoit en pourriture, je ne conſeillerai pourtant pas de s'obſtiner à chercher la qualité de cette eau, il eſt des tems où on ne la trouveroit pas, ſurtout dans la premiére & derniére coupe !

Voici les remarques des ſacs qui ſont quelques fois fort douteuſes par la faute de l'Indigotier, qui ne réfléchit pas aſſez ſur le dégré de battage qu'il avoit donné à ſon Indigo. Je pourroîs détruire dans un moment les marques les plus ſolides, mais c'eſt à celui qui gouverne l'Indigo à ſavoir ſi elles ſont vraies ou fauſſes.

Par exemple lorſque vous voudrez faire emporter les ſacs qui ſont au ratelier pour mettre l'Indigo en caiſſe, vous jetterez la vûe deſſus & les trouverés baveux en dehors (je ſuppoſe qu'ils le ſoient), vous y verrés une craſſe plombée ou ardoiſée, voilà, me direz-vous aussi-tôt, une cuve trop pourrie, j'en serois volontiers d'accord avec vous, mais celui qui a conduit le battage en décidera plus sûrement; il doit savoir s'il ne l'a pas fait battre par excès, en ce cas cette crasse peut procéder du battage, la cuve pouvoit avoir sa juste pourriture, & l'ayant trop battue il lui aura occasionné cette crasse, de même qu'une cuve trop pourrie avoir rendu les sacs très cuivrés, ce qui est la marque d'une cuve qui manque de pourriture, & cela par une raison toute contraire, c'est-à-dire pour n'avoir point été assés battue ou du moins par le trop de ménagement du battage, quoique dans ce dernier cas il soit facile de se désabuser en y regardant de près, puisqu'on ne manquera pas d'y trouver un mêlange de crasse qui régne parmi son cuivrage, lequel suspend vos doutes dans le moment & vous instruira de la vérité.

L'Indigotier parfait aura les sacs exempts de cuivre & de crasse, & ils se trouveront secs & nets, ainsi l'Indigotier doit savoir comment il a ménagé le battage pour juger sainement des sacs qui seront susceptibles de l'un ou de l'autre.

Calcul du produit d'une bonne cuve.

Afin de ne laiſſer rien à déſirer ſur ce qui concerne l'Indigo, j'ai cru qu'il ne falloit pas omettre la quantité d'Indigo qu'une bonne cuve peut produire dont voici une eſtime aſſez juſte. Une cuve de la grandeur que j'ai expliquée ci-devant, peut produire environ trente livres d'Indigo, je ſuppoſe que nous ſoyons dans la belle ſaiſon (*a*) & que ce ſoit de l'Indigo des plaines (car celui des mornes rend bien moins, l'air y étant plus tempéré), le bâtard rend tout au plus vingt-quatre livres.

L'eau ayant ſéjourné dix à douze heures dans la cuve, la fermentation fait ſon effet ordinaire, (*b*) & ayant paſſé par les dégrés différens marqués ci-deſ-

(*a*) Ce qui feroit un revenu très conſidérable ſans l'échec qu'on ne ſauroit éviter. 1°. La premiére coupe rend peu, & l'herbe ne fournit pas. 2°. La ſeconde coupe eſt la meilleure, la troiſiéme diminue d'un tiers, la quatriéme des trois quarts & la cinquiéme ſe réduit preſque à rien; joignés à ceci les avaries de la plantation.

(*b*) La fermentation d'une premiére cuve eſt fort paiſible, ſon bouillon n'a ſeulement pas la force d'écumer.

ſus, on ouvre le robinet pour recevoir un peu de la liqueur dans une taſſe d'argent deſtinée uniquement à cet uſage, on agite cette eau dans la taſſe juſqu'à ce que les grains ſoient formés, on s'attache à en examiner la qualité & celle de l'eau, & s'il a acquis ſa pourriture convenable, on lâche la cheville pour faire tomber ladite eau dans la batterie où elle doit être perfectionnée par le moyen du battage.

Maniére la plus sûre pour ſonder la cuve.

Il faut que je diſe ici quelque choſe en paſſant, ſur la mauvaiſe maxime qu'ont pluſieurs Indigotiers, de ſonder la cuve par le haut, ſans diſtinction des tems & des lieux, ſi dans les mornes (par mornes on entend des montagnes) ils prétendoient d'en uſer de même, ils ſeroient ſouvent dupes, car le deſſus n'y montre jamais qu'un grain faux, on riſque bien moins de prendre l'eau du fond où l'on voit le grain au naturel, la preuve en eſt manifeſte & la raiſon toute ſimple, puiſqu'il faut bien deux heures pour remplir une cuve d'eau, pendant cette alternative l'herbe d'en bas trempe, ce qui eſt une occaſion prochaine de fermentation, &

par une ſuite néceſſaire, elle doit montrer ſon grain avant l'eau qui eſt deſſus & qui ne s'épaiſſit que par le bouillonnement que le bas de la cuve y excite : nous voyons d'ailleurs que dans les tems pluvieux ou l'Indigo ne pourrit que de dix à douze heures, à peine le haut de la cuve a le tems de changer ; feroit-il de la prudence de s'attendre à y trouver du grain ? Non ſans doute, il y auroit même de l'extravagance de le penſer, il faut donc néceſſairement ſe mettre dans le cas de la perdre, ſi on veut attendre que le deſſus ſoit ſuffiſamment coloré pour y trouver du grain.

Maniére de battre.

Ayant trouvé le point fixe de la diſſolution, il ne faut plus que le battage pour le perfectionner, lequel ſe fait de la maniére ſuivante : on a trois buquets qui ſont des eſpèces de caiſſons ſans fonds, emmanchés d'une gaule (par gaule on entend un baton ou perche propre à ſervir de manche à quelque outil ou inſtrument) de la groſſeur du bras, (*a*)

(*a*) Cette gaule eſt percée à une hauteur convenable à la largeur de la batterie, à qui on donne c'eſt avec ces buquets qu'on bat & qu'on agite cette eau violemment, & ſans ceſſe juſqu'à ce que les ſels & autres parties de la plante ſe ſoient réunis & ramaſſés enſemble ; c'eſt là à proprement parler qu'on découvre la défectuoſité de la pourriture, ainſi le battage demande en quelque façon plus d'application, puiſque par ſon moyen on s'aſſure des défauts & qu'il donne en même l'expédient pour y remédier, pourvû qu'il n'y ait point d'excès ; mais deux ou trois heures de plus ou de moins dans la belle ſaiſon (je m'explique), il y a du reméde ſans beau-

---

un pied de franc, afin que le buquet dans ſon mouvement n'endommage pas la muraille du côté oppoſé : on poſe donc le manche du buquet ſur la courbe, qui étant percée des deux côtés pour contenir une cheville qui traverſe en même tems, & la courbe & le manche du buquet, (*) lui donne lieu de hauſſer & baiſſer comme les bras d'une pompe. Il faut que ceux qui battent ſoient bien juſtes à donner leur coup enſemble, ſans quoi l'eau ſaute à plus de quatre pieds par deſſus la muraille ; il y a une autre façon de battre de nouvelle invention, par le moyen d'une roue à palette, tournée par un cheval, qui eſt très commode, & qui épargne un travail très rude aux Négres.

(*) Voyez l'Indigoterie figure 2 & 3, page 15.

coup de perte, & la qualité de l'Indigo n'en ſera pas moins belle, ſi le battage eſt bien ménagé.

Explication du battage.

Le battage eſt l'émétique du métier d'indigotier, c'eſt par lui qu'on découvre ſon défaut, qu'on y remédie & qu'on régle la ſuite de la coupe; c'eſt encore par le battage qu'on peut gâter la meilleure cuve en la faiſant battre trop ou trop peu; n'étant pas aſſez battue le grain qui n'eſt pas encore formé demeure répandu dans l'eau ſans couler n'y s'amaſſer au fond de la cuve, & ſe perd quand on eſt obligé de la lâcher, ou ſi étant battu on continue de le battre on le diſſout & l'on tombe dans le même inconvénient; il faut donc prendre le moment juſte & ceſſer auſſi-tôt qu'on l'a trouvé pour laiſſer répoſer la matiére.

Comment on coule la cuve.

Après qu'on a ceſſé de battre, la fécule ſe précipite au fond de la cuve où elle s'amaſſe comme une eſpèce de boüe, & l'eau détachée de ſes ſels dont elle avoit été imprégnée, ſurnage au-deſſus &

s'éclaircit; deux ou trois heures lui suffisent pour être reposée quand rien ne lui manque; après quoi si on est pressé, on peut lâcher l'eau, mais il vaut mieux la laisser plus long-tems afin qu'il y reste moins de particules d'eau, & que les grains les plus legers ayent le tems de couler au fond comme les autres : alors on ouvre le robinet qu'on a pratiqué au fond de la batterie qui contient trois chevilles différentes, observant de commencer par la premiére seulement, les eaux s'étant écoulées jusqu'au niveau du trou; l'on ôte la seconde pour laisser libre le même écoulement jusqu'à la superficie de l'Indigo, ensuite on le fait tomber dans le bassinot; mais s'il arrive qu'il y reste encore de l'eau comme cela est assez commun, on ôte la derniere cheville & l'on met promptement à la place de celle-ci une cheville carrée; pour lors on voit avec une espèce d'étonnement l'indigo s'arrêter pour donner passage à l'eau qui sort par les carrés de cette cheville, & s'écoule jusqu'à ce que l'indigo vienne à son tour; alors on pose un panier dessous qui reçoit toutes les ordures qui tombent ordinairement dans la batterie, & en passant un ballet ou une plume de mer à l'entour du bassinot, on acheve de ramaſſer ce qui peut y avoir de craſſe; enſuite on met l'Indigo dans les ſacs où il acheve de ſe purger du reſte d'eau qui étoit reſtée entre ſes parties.

On laiſſe ordinairement l'Indigo juſqu'au lendemain dans les ſacs, afin qu'il ſe purge radicalement de l'eau qui lui reſtoit, & juſqu'à ce qu'il ait acquis la conſiſtance d'un fromage mou, avec qui il a de la reſſemblance ſi on en excepte la couleur; cela fait, on partage la moitié des ſacs qu'on pend en deux monceaux différens, ce qui le met en preſſe, & exprime le reſte d'eau qui peut s'y trouver, enſuite on l'étend dans des caiſſes plates de la longueur de trois pieds ſur la moitié de large, & de la profondeur de deux pouces, on l'expoſe au Soleil le plus qu'on peut pour le faire ſécher vivement, ſitôt que le Soleil l'a affermi il ſe fend comme de la boue ſéche, alors pour réunir toutes ſes fentes on y paſſe la truelle qu'on appuye avec force, (*a*)

(*a*) Cet ouvrage demande à être fait l'après midi; en voici la raiſon: lorſqu'on le fait le matin, le Soleil le ſéche ſi vivement que le deſſus des carreaux ſe leve par écaille, ce qui le rend raboteux, au lieu que celui qui a toute

& après l'avoir bien uni, on le coupe par petits carreaux qui peuvent avoir un pouce en tous ſens, on continue de l'expoſer au Soleil juſqu'à ce que les carreaux ſe détachent ſans peine de la caiſſe, enſuite on le met à l'ombre. Il n'y a guéres d'habitans qui ayent la maxime de faire ſécher l'Indigo à l'ombre; lorſqu'il eſt ſec juſqu'au point que je viens de marquer, c'eſt effectivement un ouvrage de longue haleine; j'ai vû mon Indigo reſter plus de ſix ſemaines en cet état avant d'avoir acquis la ſéchereſſe qui lui convenoit pour être enfutaillé, il devient même blanc comme de la chaux, par une eſpèce de tartre ou ſalpêtre dont il ſe couvre; cette façon de le faire ſécher lui eſt très favorable, il ſemble qu'il en acquiert une nouvelle liaiſon, car il devient dur comme des pierres, ſon luſtre ſe raffine auſſi par les diverſes ſueurs qu'il jette pendant cet intervalle, je ne doute pas même qu'il n'en acquiere un poids plus conſidérable, car j'ai éprouvé que mes Indigos peſoient

---

la nuit à ſe raffermir, a les carreaux unis comme une glace, quoique ceci n'influe pas ſur ſa qualité, cela lui donne au moins un coup d'œil qui flatte davantage.

bien plus que ceux de mes voiſins & qu'ils étoient plus eſtimés ; je n'inviterai pourtant pas tous les habitans ſans reſtriction à m'imiter ſur cet article, ceux dont les établis ſont ſouvent couverts de deux cens caiſſes en doivent être exempts, attendu le nombre prodigieux de caiſſes qu'il leur faudroit, à moins qu'ils ne vouluſſent faire un plancher pour l'étendre deſſus, ce qui ne me paroît pas impoſſible, où il acheve de ſécher par des dégrés d'un air plus temperé ; cela fait, on le met dans des futailles où il reſſue & acquiert par là un nouveau luſtre. Qui ne ſeroit ſurpris de voir l'Indigo qui avant d'être en futaille ſec & dur comme des pierres, huit jours après rend l'eau à groſſe goute, répand une chaleur comme un braſier, demeure autant de tems dans cet état, & enfin ſans être expoſé à l'air, reſſéche comme auparavant en moins de cinq à ſix jours ; pour lors il il eſt marchand, & il eſt de l'intérêt de l'habitant de n'en point différer la vente s'il n'en veut ſupporter la diminution, à laquelle il eſt ſujet pendant les premiers mois, & qu'on peut bien eſtimer à dix pour cent de perte.

Du pêtriſſage & de ſon abus.

Voici un erreur populaire dans laquelle la plûpart des habitans croupiſſent depuis un tems immémorial, ils s'amuſent à pêtrir l'Indigo dans les caiſſes, comptant par là lui donner une liaiſon qui rafine celle qui lui eſt naturelle, prévention qui n'eſt fondée que ſur ce qu'ils n'ont jamais fait autrement & qui leur en a fait une néceſſité ; la liaiſon ne dépend uniquement que du dégré de pourriture & de battage (& notamment de ce dernier), c'eſt ce qui eſt facile à remarquer dans une cuve qui manque de l'un & de l'autre, l'Indigo s'écraſe au moindre choc, & ſes grains n'étant pas ſuffiſamment coagulés pour faire un corps ſolide, il doit naturellement s'en ſuivre une défectuoſité ; il eſt abſurde de croire qu'on peut y ajouter une qualité qui lui manque, par un moyen auſſi vil que celui du pêtriſſage, au contraire bien loin d'être un ſpécifique, il en réſulte ſouvent une perte conſidérable ; voyez-en les conſéquences qui ſuivent. 1°. le Soleil mange la couleur de l'Indigo qui ſe trouve comme ardoiſé deſſus, de l'épaiſſeur d'une piéce de dix ſols, cet Indigo brûlé du

Soleil, se mêle parmi l'autre en le pêtrissant, & peut lui occasionner des veines ardoisées qui en diminuent le prix, 2°. on ne sauroit le pêtrir qu'auparavant il n'ait été exposé au moins trois ou quatre jours au Soleil, ce qui le rend aussi mou que le premier jour qu'on l'y avoit mis, (*a*) ce retardement est souvent cause que les vers s'y mettent; accident sans reméde dont on ne peut le garantir qu'avec toutes les précautions nécessaires, & qui arrive ordinairement dans un temps pluvieux où ces insectes mangent une partie de l'Indigo; l'autre partie qui ne sauroit sécher qu'avec une peine incroyable, est un Indigo inférieur dont le prix diminue de la moitié; c'est à quoi on est exposé par un simple retardement, & qu'on auroit évité si on eût été vigilant à le faire sécher promptement.

L'Indigo qui a été exposé au Soleil trois ou quatre jours, contracte une odeur très-forte, dout les mouches sont extrêmement friandes; cette corruption frape

(*a*) Ceux qui ne pêtrissent pas, coupent l'Indigo le lendemain qu'ils le mettent en caisses, cela fait une différence de six jours, si on compte ce qu'il lui faut de tems pour acquerir sa premiére fermeté.

vivement les organes de ces insectes qui ne manquent pas de se poser dessus & de s'en repaître avec une grande avidité ; elles y posent en même tems leurs œufs d'où sortent des vers formés en moins de deux fois vingt-quatre heures, lesquels s'insinuent dans les fentes de l'indigo où ils travaillent à l'abri du Soleil avec tant de vigueur qu'ils le font venir en bouillie, & lui laissent je ne sçai quelle humeur glutineuse qui l'empêche de sécher, d'où il résulte une perte bien réelle à l'habitant, qui pour y mettre ordre promptement est quelquefois obligé pendant les pluies, de faire un feu continuel dans la sécheresse, afin que par la fumée qui y régne, les mouches ne puissent aborder les caisses ; cet expédient est le plus efficace qu'on puisse employer pour empêcher les progrès de ces insectes.

Voilà ce me semble une ample description de cette plante. Je vais presentement donner une idée juste des observations que j'ai faites sur la fabrique de cette marchandise avec la connoissance entiére de cette Manufacture, & les moyens propres pour trouver le point fixe de sa dissolution & celui du battage.

Fin de la premiére Partie.

es qui
& de
idité ;
œufs
ins de
fquels
go où
tant
uillie,
meur
d'où
habi-
mpte-
les
ns la
y
nder
effi-
mpé-

def-
fen-
fer-
de
nce
mo-
fise

LE PARFAIT INDIGOTIER

SECONDE PARTIE.

Remarques & observations nécessaires pour bien réussir à faire l'Indigo.

J'Ai déja dit que le moyen de bien réussir à faire l'Indigo, consistoit premiérement à faire la visite de l'herbe pour savoir si elle a du corps, c'est-à-dire, si les feuilles sont fortes ou molles (ou si l'on veut, fines ou charnues); il sera facile de comprendre que l'Indigo nourri de séchereſſe demandera plus de pourriture que celui qui aura crû par l'abondance des pluies; il ne faudra donc pas s'étonner si ce premier est tardif, & surtout une premiére cuve lorſque l'Indigoterie eſt froide ; il n'en eſt pas de même d'une ſeconde, & la troiſiéme diſſipe toute erreur ; auſſi la premiére qui par cette raiſon montre un grain mal formé ne ſauroit parvenir à ce dégré de perfection que l'Indigo demande ; & l'Indigotier pour ne ſe pas déranger, eſtime mieux en retrancher quelques heures que de lui en donner ſeulement une de trop, bien aſſuré qu'il corrigera la ſeconde avec d'autant plus de facilité que ſon grain & ſon eau ſe montrent plus clairement.

C'eſt donc à la grande fraîcheur du ciment qu'on peut en partie attribuer le retardement de la pourriture, car une premiére cuve ne pourrira quelques fois que dans quarante heures, tandis que la ſeconde n'en demandera pas vingt-huit. Le changement ſubit de la ſeconde cuve n'eſt pas difficile à comprendre, le Vaiſſeau ſe trouvant imbu du ſuc de la premiére lui laiſſe une eſpèce de tartre qui provoquant à la fermentation, en avine où enduit le Vaiſſeau qui s'en charge encore davantage à la troiſiéme cuve ; de là vient que celle-ci n'a rien d'embrouillé & qu'on la travaille avec plus de ſuccès que les deux premiéres. C'eſt à quoi l'Indigotier doit s'attendre, & ce qui l'avertit de ne pas être négligent à la visiter de bonne heure afin de s'y trouver avant qu'elle soit passée, car pour-lors on se persuade facilement qu'elle ne l'est pas assez, son grain evazé semblable à ce premier l'entretient dans l'illusion, & dans l'attente de trouver un changement favorable dans la seconde visite, il est bien surpris de trouver le même grain ; dans cette perplexité il risque de la laisser pourrir encore quelques heures, & la perd infailliblement ; ce qui le dérange le plus en pareille occasion, c'est qu'il ne peut faire une estime assez juste de son excès, ce qui fait qu'à la suivante visite il faut qu'il redouble ses soins, qui souvent redoublent aussi son inquiétude.

Il convient donc pour ne point se trouver embarrassé, de ne jamais laisser passer une premiére cuve, car il est dangereux de s'obstiner dans les commencemens, étant certain qu'on ne trouvera qu'un grain mal formé, il faut s'en tenir au premier qui nous paroit capable de souffrir le buquet ; le battage nous instruira de son défaut que nous corrigerons avec d'autant plus de facilité que son grain & son eau se développent plus naturellement.

Sur-tout ayez grand soin que votre

tasse soit bien propre quand vous allez sonder la cuve, afin de bien distinguer le grain & sur-tout la qualité de l'eau; cette tasse crasseuse montre une eau embrouillée qui faisant confondre le trop pourri avec celui qui ne l'est pas assez, fait que nous en sommes dupes; & bien qu'on s'en apperçoive au battage qui peut y remédier, on ne sauroit le faire sans perte, & c'est pourtant un rien qui en est la cause.

Comme l'Indigo est extrêmement delicat, il demande un esprit tranquille pour le gouverner, un flegmatique, un taciturne sont gens propres a y faire de grands progrès, & j'oserois même décider que la douceur naturelle des Dames influe beaucoup sur leur habileté, car il semble que cette fabrique ne veuille point d'obstination, & que plus on s'entête moins on y réussit. J'ai connu & vû bien des habitans y faire des pertes considérables par cette seule raison, & qui lassez enfin de tant d'avaries & d'obstacles, ont été contrains d'avoir recours à d'autres qui ont bien réussi, cependant ils n'étoient pas ignorans dans le métier, c'est justement ce qui les perdoit; ainsi pour habile qu'on soit, il est des momens où il faut pas rougir de demander l'avis d'un autre. Je n'avance pas un paradoxe quand je vous dirai qu'un moins habile que vous pourra vous remettre, c'eſt qu'il y va d'un ſens froid, & vous d'un eſprit inquiet qui ſeul ſuffit pour vous déranger.

Le ſuccès d'une ſeconde cuve eſt comme la baze de toute la coupe, cependant il faut s'attendre que les deux ſuivantes diminueront de pourriture, le reſte ne ſera plus qu'une routine tant que le tems ſera conſtant, mais s'il change, l'Indigo changera auſſi, il ne faudra pas même s'étonner ſi trois jours de pluies y cauſent un changement de dix à douze heures : c'eſt alors que l'Indigotier eſt veritablement occupé & qu'il a beſoin de toute ſa pratique : mais ſi au contraire le beau-tems continue, il ne s'écartera tout au plus que d'une heure ou deux, de façon que tant qu'il fait beau il faut être ignorant pour en perdre lorſqu'on a réuſſi à la ſeconde ou troiſiéme cuve.

Difficultés d'une premiére coupe expliquées.

Une premiére coupe eſt toujours difficile, en voici la raiſon, les terres n'ont point encore été ſuffiſamment échauffées ; joignés à cela les pluies fréquentes qu'il fait ordinairement dans cette ſaiſon, qui forment enſemble les difficultés qui occupent & intriguent extrêmement l'Indigotier qui a beſoin de toute ſon expérience, l'Indigo montrant un grain tout opposé à celui qu'il cherche, le froid le privant de ſa ſubſtance affoiblit ſon grain, qui de rond qu'il doit paroître, ſe montre plat, évazé & à ne pouvoir diſcerner le trop pourri avec celui qui ne l'eſt pas aſſés, il a même ſi peu de tems à reſter dans l'équilibre du plus ou du moins, qu'on n'a pas le tems de réfléchir, le changement de ſon grain étant imperceptible, dans ces ſortes de cas il eſt plus sûr de ſe regler à l'eau qu'au grain, & rien ne contribue plus à dérouter l'Indigotier que d'être inquiet, il eſt déconcerté & fait mille réflexions qui ne font que l'abuſer, il s'étonne même qu'une herbe auſſi foible ſoit ſi tardive, & fatigué de ſa lenteur, il riſque ſouvent à lâcher la cuve à l'aventure afin de découvrir par le battage en quoi il a pu ſe tromper.

Les marques les plus ordinaires d'une cuve qui manque de pourriture.

Il faut ici que l'Indigotier ſoit bien attentif pour obſerver les marques d'une cuve qui manque pendant cinq à ſix heures de pourriture dans une ſaiſon où le grain eſt ſi mal nourri, ce n'eſt pas non plus ſur ce foible grain qu'il doit ſe regler, la qualité de l'eau & celle de ſon écume légère le déſabuſeront, quoi qu'elle ne ſoit pas dure à battre ; n'inférez-pas delà qu'il y a de l'excès, la foibleſſe de ſon grain ne permet pas qu'il réſiſte au buquet, ainſi il faut s'attacher à la qualité de l'eau & remarquer ſi l'écume réſiſte à l'huile qu'on y jette, (*a*) ou ſi elle part auſſi-tôt qu'on en a mis, en ce cas c'eſt une marque infaillible qu'elle en manque ; on en ſera plus certain ſi la cuve reſte nette après qu'on a ceſſé de battre, ou ſi elle ſe couvre d'une fleur comme une eſpèce de lie ; mais ſi cette fleur ſe répand en forme de petits crapauds ou caillebottes, elle ſera ſuſpecte de trop de pourriture ; pour plus de certitude on fait la viſite de l'eau deux heures après le battage où on acheve de ſe convaincre du plus ou du moins qu'elle peut avoir ; on verra par la ſuite la qua-

(*a*) On fait de tems en tems une aſperſion d'huile de Poiſſon, afin de chaſſer l'écume qui empêche les buquets de jouer librement.

lité de l'eau d'une cuve trop pourrie & de celle qui ne l'eſt pas aſſés ; j'indiquerai auſſi les remarques qu'on peut faire aux ſacs, & enfin jusqu'à l'Indigo étendu dans les caiſſes, afin que ſi on doute d'une maniére, il y ait moyen de s'éclaircir par d'autres voyes. Il faudroit être bien ſtupide pour s'écarter du bon chemin, par tant de routes différentes qui y conduiſent preſque à coup sûr, ſi on veut s'y appliquer comme il convient. Manque-t-on au point de la diſſolution, je le fais découvrir par le moyen du battage ; ſi on doute de ce côté là, on peut avoir recours à la qualité de l'eau, & enfin pour dernier reſſort aux remarques des ſacs, ce qui n'eſt pas la marque la moins ſolide, ſi on obſerve exactement le pour & le contre qu'on y peut découvrir.

Remarque ſur le même ſujet.

Il n'eſt pas abſolument impoſſible de voir une cuve qui manque de pourriture, écumer comme ſi elle en avoit trop, avec cette différence que la derniére a une écume graſſe, épaiſſe & qui ne part jamais entiérement, il s'en amaſſe toujours dans chaque coin de la batterie qui

qui eſt d'un bleu céleſte, & qui forme les petits crapauds lorſqu'on ceſſe de battre, au lieu que dans une cuve qui ne l'eſt pas aſſez, l'huile fait diſparoître dans un moment l'écume la plus épaiſſe, & ſi par hazard il y en reſte dans les coins, c'eſt une écume d'un violet très-foncé; quoiqu'elle revienne ſouvent à la charge; il ne faut pas (à l'exemple de ces novices craintifs) ſe figurer auſſi-tôt qu'il y a de l'excès, & ménager le battage que l'on doit au contraire pouſſer vigoureuſement, ſans quoi l'Indigo ne ſauroit s'égouter; le tems qui lui manque de pourriture, affoibli par le ménagement du battage, produit ſans contredit un grain imparfait que pluſieurs attribuent à ſon excès, & l'imagination frapée de cette erreur, ils en perdent une quantité & rejettent la faute ſur l'herbe qu'ils aſſurent ne rien valoir, ce qui acheve de les perdre; c'eſt cette eau verte qui paroît après le battage qui manifeſte véritablement trop de pourriture, mais qui dans le fond ne procéde que du défaut de battage, n'en ayant pas eu ſuffiſamment pour purger l'eau de tous ſes ſels qui, par une ſuite naturelle reſte chargée de ſon ſuperflu, & lui occaſionne cette couleur verte qui y demeure repandue.

Moyen pour éviter cette perte.

Le moyen le plus efficace pour guerir l'Indigotier de ſa prévention, c'eſt de pouſſer le battage juſqu'à extinction de grain, afin de faire changer la couleur de l'eau qui à force de battage deviendra rouſſe ; mais ſi effectivement elle eſt trop pourrie, l'eau noircira de plus en plus, parce que ſon grain ſe diſſout. On ſera donc convaincu de ſon défaut, & en conſéquence en état d'y remédier à la cuve ſuivante, & par ce moyen de garantir le reſte de la coupe.

L'Indigotier qui ſe trouve dans un cas embarraſſant, doit tout mettre en uſage pour s'éclaircir de la vérité. Il eſt de conſéquence pour la ſuite de la coupe de ſavoir les défauts d'une premiére cuve (que l'on ſacrifie ordinairement) pour s'aſſurer de la ſeconde, car ſi on manque celle-ci, rarement réuſſira-t-on à la troiſiéme ; ſi cela arrive, ou il faut qu'il ſe conſulte ou qu'il s'arrête quelques jours ; ſi celui qu'il conſulte ne réuſſit pas mieux, le plus court eſt de différer une huitaine pour le remettre dans ſon aſſiette ; il eſt hors des gonds, s'il continue il perdra tout.

Observation curieuse pour éviter de veiller les cuves la nuit.

Comme il est extrêmement fatiguant d'être sur pied une partie de la nuit, au hazard même de contracter des maladies dangereuses, & méditant sur les moyens d'éviter tant de peines & les dangers que les veilles occasionnent souvent, je fis une observation qui me fut d'un grand secours pour la suite. Voici le fait : allant un jour sonder une première cuve, j'y fus vers le coucher du Soleil (nous étions dans une saison ùu la fermentation est très-expéditive), au mois d'Octobre. J'observai qu'elle commençoit à peine à jetter sa teinture verte, je la sondai pourtant, & estimant qu'elle pourroit porter jusques vers les deux heures après minuit, & l'idée remplie du dégré de son bouillon, je consultai ma montre pour en savoir l'heure; quand celle du coucher fut venue (après avoir ordonné d'en lâcher l'eau à l'heure marquée suivant mon estime), je me reposai tranquillement, je trouvai le lendemain avoir fort bien réussi; je fis la même observation à la seconde cuve, avec cètte précaution de m'y trouver deux heures plutôt, & trouvant ſon bouillon au même dégré de l'autre, j'en diminuai les deux heures qu'elle me parut avancer, & j'eus le même ſuccès ; je continuai ainſi le reſte de la coupe ſans m'écarter de ce plan, je m'y réglois en quelque façon mieux qu'en ſondant ; la lumiére empruntée ne vaut pas celle du jour en cette occaſion, puiſqu'il eſt à la connoiſſance d'un chacun, que le verd paroît bleu la nuit, ce qui ne laiſſe pas de déranger ceux qui ont la vûe baſſe.

Avis important pour trouver le point fixe de la diſſolution.

Il faut toujours commencer de bonne-heure à ſonder une cuve, ſurtout la premiére, pour n'être pas ſurpris, & s'attacher également à la qualité de l'eau comme à celle du grain, n'y point aller ſouvent, de quatre en quatre heures cela ſuffit ; d'y aller à tout moment c'eſt le moyen de la perdre, on s'impatiente & on ne ſauroit s'appercevoir de ſon changement, il ſemble toujours voir ſon même grain ; ſi au contraire on lui donne la diſtance que je dis, il ſera rémarquable : trois viſites ſuffiſent ; par exemple, quant on a ſondé la cuve pour la premiére fois, s'il lui reste, je suppose encore, dix heures à fermenter, & qu'on aille quatre heures après faire la seconde visite, ne doit-on pas à la troisiéme savoir à quoi s'en tenir?

Quand on fait ses visites de loin à loin, on voit son changement à mesure; si à la derniére fois elle se trouvoit par hazard passée, il n'est pas douteux qu'on s'en apperçoit à l'eau, & on peut faire une estime de son excès par la visite précédente, on ne voit plus ce verd vif qui frapoit la vue; il y régne à la place de celui-ci un verd sale ou un jaune pâle, marques évidentes de son excès; l'eau même qui réjaillit sur les mains n'y fait aucune impression, & il est en cela tout opposé à celui qui ne l'est pas assez, qui tâche les mains de façon que le Savon ne sauroit l'effacer.

L'Indigo auquel manquent quelques heures de pourriture, est d'un verd si vif, que chaque goute d'eau qui en réjaillit sur les mains y fait une impression si forte, qu'il faut pour l'effacer, réïterer plusieurs fois le savonnage; au contraire l'empreinte d'une goute d'eau qui sort d'une cuve où domine la pourriture est si foible, qu'elle s'efface d'elle-même à mesure qu'elle séche.

Différentes figures du grain suivant l'ordre des saisons.

Suivant l'ordre des saisons ou du tems sec ou humide, il y a des cuves où il paroît un grain élongé en forme de pointe, (*tems sec*) d'autres où le grain est rond comme du sable ; (*tems favorable*) & enfin un autre tems où le grain est plat & évazé, (*tems pluvieux*) ce dernier tems peut facilement vous surprendre & demande une grande application ; cependant pour peu que l'Indigotier se dépouille de sa prévention, il ne s'y trompera gueres, le grain se separe facilement de son eau en le roulant dans la tasse, & laisse une eau d'un verd brillant & foncé ; au lieu que dans une cuve qui est trop pourrie, le grain quoiqu'évazé comme l'autre ne s'en separe qu'avec peine, & reste comme à flot entre deux eaux dont la couleur est souvent d'un jaune pâle, ou d'un verd noirâtre, quelques fois d'un verd blanchâtre ; il succéde à cette eau une fleur comme une lie qui s'amasse ensemble & qui, sur la surface de l'eau forme dans la tasse comme un demie cercle ou maniére d'Arc-en-ciel, preuve bien certaine de ſon excès ; une cuve qui en manque peut bien auſſi former une fleur (ſoit par la quantité des pluies, ſoit parceque la graine ſe trouvoit déjà nouée par la trop grande maturité de l'herbe) ; mais elle ne s'entretouche pas comme une cuve qui en a trop.

Le bon Indigo exempte de tant de peines & ſe fait avec aiſance ; ſon grain & ſon eau, tout paroît en ſon naturel, & comme il paroît dur à pourrir, on a le tems de le pouſſer à ſa derniére perfection. Qui nous empêcheroit donc de parvenir au même dégré des orientaux ? Seroit-ce leur terroir à qui on pourroit l'attribuer ? Il n'y a gueres d'apparence, puiſqu'on en fait de bon & de mauvais ſur une même habitation ; cela ne dépend donc que de l'habilété de celui qui conduit le travail. Quelle délicateſſe de génie peut donc avoir un Indien au-deſſus de nous ? Je ne connois pas de gens plus bornés qu'eux, perſonne n'en ſauroit diſconvenir.

Le Révérend Pere Labat s'imaginoit que tout le ſecret de ceux dont on vente les Indigots au préjudice des nôtres, ne conſiſtoit qu'à couper l'herbe dans un tems où elle rend une couleur plus vive, & qu'il croyoit que c'étoit de faire la coupe de l'herbe en prenant ſa maturité : ceci ne partoit ſans doute que de la vivacité de ſon eſprit ; mais l'expérience y eſt formellement contraire, car l'Indigo qui n'eſt pas aſſez mur, outre qu'il rend moins d'Indigo (comme il en convient), ne ſauroit acquerir la liaiſon qui lui eſt propre, quelque précaution qu'on prenne au battage, cela fait toujours un Indigo mollaſſe, & qui s'écraſe étant ſec comme un Indigo mal travaillé.

Définition du battage.

J'ai ci-devant dit que le battage étoit l'émétique du métier d'Indigotier, & je ne crois pas cette expreſſion déplacée ; en effet, on peut dire que c'eſt ſon dernier reſſort, & qui ſeul peut porter à ſa perfection l'Indigo ou le perdre. Sans le battage il reſte imparfait, & toutes les peines qu'on s'étoit donné demeurent inutiles ; il eſt donc à propos de préférer le ſavoir du battage à celui de la pourriture, & de s'y attacher davantage, puiſqu'il développe ce que celui-ci a de défectueux.

Les défauts de pourriture s'apperçoivent bien mieux au battage qu'à la fermentation. Dès le commencement (&

c'est là l'essentiel & la finesse de l'art) on en peut juger, à moins qu'on ne soit trop préocupé ; mais pour peu qu'on ait pris l'équilibre entre le plus ou le moins, un bon Indigotier doit savoir à quoi s'en tenir avant que son grain soit formé. Une cuve n'est-elle pas assez pourrie, elle mousse beaucoup d'une écume tirant sur le verd, qui quoi qu'elle soit très-épaisse ne laisse pas de partir avec rapidité lorsqu'on y jette l'huile ; & si l'aspersion est réitérée une seconde fois, elle dissipe entiérement l'écume qui paroît la plus grasse, (*a*) celle qui suit n'est plus qu'une petite écume légère qui disparoît lorsque son grain se forme ; c'est alors qu'on corrige ce qu'il y avoit de défectueux au dégré de la fermentation, car n'en ayant pas assez il faut pousser au battage qui supplée au défaut de pourriture ; si elle l'est trop on ménage le battage, par ce moyen on conserve son lustre ; rarement trouve-t-on le point fixe de sa dissolution, il y a toujours un petit milieu que le battage perfectionne, il y a même des

(*a*) Au contraire d'une cuve qui est trop pourrie, puisqu'une bouteille d'huile n'en feroit pas partir entiérement l'écume.

ſaiſons qui demandent qu'on en rétranche quelques deux heures pour ne pas en altérer la qualité, (*a*) ſans quoi on ſeroit certain d'y trouver des veines ardoiſées, il faut bien auſſi ſe garder dans ces tems là de raffiner au battage ſi on veut bien ménager.

Une cuve trop pourrie dont l'excès ne s'étend qu'à quelques livres d'Indigo de moins, peut par le moyen du battage être corrigée, c'eſt-à-dire, qu'on ne ſupportera que la perte de ſon volume ſans en altérer la qualité, ſi on s'y prend de la façon qui ſuit. Premiérement il eſt aiſé de ſe convaincre de ſon excès, par ſon écume graſſe & par ſon grain évazé qui ne réſiſte point au battage, & dont le grain ſe forme beaucoup plus vite, ſon eau même ne ſauroit ſe clarifier comme celle d'une bonne cuve, toutes marques infailliblement attachées à l'Indigo trop pourri ; l'Indigotier doit donc être ſur ſes gardes à la vûe de tant de preuves, & ménager le battage ſuivant le plus ou le moins d'excès : voici ce qu'il faut ſuivre par dégrés. Sitôt que

(*a*) C'eſt après les ravages des chenilles, il ſemble qu'elles empoiſonnent les ſouches.

son grain sera sur son gros, il ne faut pas qu'il quitte la tasse, chaque coup de buquet y fait impression ; & lorsqu'il a trouvé le moment ou le grain est raisonnablement rond, il doit cesser de battre, sans chercher à diminuer le grain ; quand il sera parvenu à ce dégré, il trouvera que l'eau brunit dans la tasse à vûe d'œil, cela n'empêchera pas qu'elle ne soit verte dans la batterie, à l'exception de sa superficie, on verra même un petit glacis de cuivre qui couvrira toute sa surface quelques heures après s'être réposé, c'est là le cuivrage qu'on peut rémarquer aux sacs d'une cuve trop pourrie, mais qui ne sera jamais exempt de crasse comme je l'ai observé en son lieu.

Nota. Si quelqu'un s'avisoit de m'objecter les différens climats où l'Indigo se fabrique, & m'opposoit que par une suite nécessaire le grain pourroit également être différent ; je lui répondrois que la différence du grain n'est pas absolument impossible, comme je l'ai moi-même rémarqué sur diverses habitations ; celui des mornes est tout autre que celui de la plaine, mais la qualité de l'eau est toujours la même ; une cuve trop pourrie aura sans contredit une eau chargée &

formera une crasse aux sacs, cela ne souffre point de réplique, ainsi je suis certain qu'on travaillera avec succès partout Pays en suivant les régles prescrites dans ces mémoires.

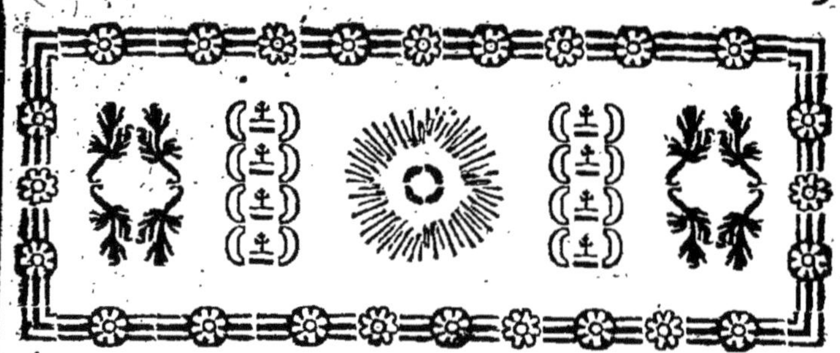

FORMULE
D'ÉCONOMIE
CONVENABLE A L'INDIGOTIER,

Qui contient en abregé comment on doit gérer une habitation & les Négres.

AYant entrepris de former un bon Indigotier, j'aurois cru mon ouvrage imparfait si je ne me fusse borné simplement qu'à cela seul. En effet, si l'Indigotier ne joint pas l'économie à l'Art, il ne pourra tout au plus être occupé que la moitié de l'année, & se voir réduit à consommer les fruits de ses travaux pendant les six autres mois qu'il sera dans l'inaction; il est donc à propos de former un plan qui dirige les travaux nécessaires sur une habitation, afin d'acquerir cette ſcience qui convient à l'Art, & par ce moyen joindre la qualité d'Habitant à celle d'indigotier.

Quoique chaque Habitant ait ſa façon d'économiſer le terrein qu'il occupe, on ne ſauroit manquer de ſe trouver d'accord ſur ce qui en eſt l'eſſentiel, pour ce qui regarde quelques vétilles, ſur quoi on différe l'un de l'autre; il eſt facile de ſe conformer à la volonté de l'habitant qu'on ſert, pourvû que cela ne préjudicie en rien au parfait arrangement de la place; car pour lors l'Econome qui a à tâche de faire les choſes conformément au bien qui en doit réſulter, ne peut s'empêcher d'en murmurer, ce dérangement n'étant imputé qu'à ſa mauvaiſe manœuvre & nullement à celle de l'habitant; ainſi l'Econome jaloux de remplir ſon devoir, doit tout mettre en uſage pour s'établir une bonne réputation, comme étant la pierre fondamentale de l'Economat.

Science de l'Econome.

Pour parvenir à ce dégré d'économie, il faut prendre un certain arrangement dans les travaux, afin d'éviter ſoigneuſement d'en faire aucuns mal-à-propos, par ainſi employer chaque jour utilement. Voilà le grand pivot ſur lequel roule toute la ſcience de l'Economé, & pour y parvenir il faut être inſtruit des différens travaux qui ſe ſuivent ordinairement.

Il faut donc ſuppoſer les premiers qui ſe font une place défrichée, qui conſiſtent à préparer les terreins, afin d'être en état de profiter du tems favorable à la plantation, dont j'ai dejà fait obſerver les ſaiſons propres à la page 35, & tâcher d'éviter ſour-tout de n'être pas intérrompu par d'autres travaux dans un tems ſi précieux où il faut employer juſqu'aux Domeſtiques. Pour cet effet il faut prendre un arrangement convenable pour les vivres qu'on doit planter, afin de ne pas nuire à un travail par un autre ; auſſi quelque preſſans que ſoient les travaux d'ailleurs, il n'en eſt point de préférable à celui de planter des vivres ; car une habitation qui en manque eſt un vrai corps ſans ame ; cela eſt de telle importance qu'on ne fait pas de cas d'un Econome qui néglige ce point principal ; auſſi connoit-on la bonne économie par la quantité de vivres qui ſont ſur une habitation.

Voilà une note des différens vivres

qu'on a coûtume de planter, avec les ſaiſons propres à chacun en particulier.

L'arrangement d'une place conſiſte en un certain ornement qui la réleve, & qui ne porte aucun préjudice aux revenus ; cet ornement paroît par là quantité de vivres qui ſont ſur l'habitation que l'on voit plantés dans une certaine cimétrie, occupans les terreins oppoſés à l'Indigo, & rangés ſur un même alignement autant qu'il eſt poſſible, il ne faut point mettre les vivres pêle-mêle avec l'Indigo, à moins qu'on ne veuille rélever quelques chaſſes trop fécondes en méchantes herbes, qui occupent les Négres au-dela de leur valeur ; en ce cas on y plante des patates qui engraiſſent le terrein, lui donnent une année de repos & le rendent fertile. Pour le Jardin à Indigo, ſon plus bel ornement eſt de l'entretenir bien net, en évitant de le laiſſer gagner par les herbes qu'on doit avoir ſoin de ſarcler avant qu'elles jettent des graines.

Les Patates.

Comme les Patates n'ont pas de ſaiſon fixe, & qu'on en plante en tout tems (quoique le mois de Février eſt le plus favorable pour les Patates,) pour ne pas arrêter les travaux pressans, on profite de quelque intervalle ; dans deux jours on en plante plus que suffisamment pour quatre mois, ce qui est le tems qu'il leur faut pour leur maturité ; on ne doit pas les fouiller qu'auparavant on en ait planté la même quantité ; par ce moyen on ne se trouve jamais au dépourvû ; on observe de les changer souvent d'endroit, la terre se lassant d'en produire plusieurs fois de suite ; sans cette précaution on risque de ne rien avoir ; on les plante ordinairement en Lune vieille, parce qu'elles produisent bien plus qu'en Lune nouvelle, où elles sont plus fécondes en bois qu'en fruits.

Les Pois de toute espèce.

Comme les Pois de toute espèce n'ont, non plus que les Patates, de saison réglée, ainsi on en plante souvent pour en avoir de verds en tout tems ; si on espére d'en faire une récolte pour garder, plantés-les en Lune vieille, cela s'entend des Pois de Guinée & d'autres petits Pois semblables, comme Pois Pigeons, Pois inconnus, Pois de Cayenne &c.,

autrement les vers ne tarderont pas à les piquer même sur pieds d'aucuns qu'ils y a.

Le Manioc.

Le Manioc se plante à Noël & en Mars, ce n'est pas à dire que les autres saisons ne lui soient propres, mais celles-ci lui sont plus favorables ; c'est un vivre qu'il ne faut pas négliger, car quelque tems qu'il fasse il vient toujours, coutant peu d'entretien, s'accommodant du premier terrein venu, & se conservant quatre ou cinq ans dans la terre si le terrein est élevé.

Les Ignames.

On plante les Ignames depuis le mois de Mai jusqu'à la pleine Lune d'Août ; c'est un vivre fort léger & qui se conserve d'une année à l'autre en grenier ; aussi quand les autres manquent on ne craint pas famine lorsqu'on est bien pourvû de celui-ci ; on les plante dans les terreins neufs, car elles demandent la terre fraiche. (*a*)

(*a*) Voici un secret immanquable pour avoir des Ignames magnifiques, pour y réussir il ne

Ignames de Guinée.

Les Ignames de Guinée ſont d'une eſpéce différente de celle-ci, elles ſont fort longues, ſa figure a du rapport à la racine du Manioc, elles produiſent deux fois l'an: la premiére récolte ſe fait de cette maniére; on fouille toute la terre qui comprend l'Igname qu'on découvre en entier, on la coupe à un bon pouce de ſa tige, on poſe le tronçon dans la foſſe qu'on remplit de la même terre, il réprend ſur le champ ſans que ſa tige perde rien de ſa vigueur naturelle, & produit d'autres fruits quelques mois après. Ces ſortes d'Ignames ont cela d'incommode qu'elles ſe gâtent

---

faut jamais ſe ſervir du plan, il eſt certain que ce petit plan contient pluſieurs germes, dont chacun produit un rejetton, & ſucceſſivement chaque rejetton une Igname, de façon qu'au lieu d'une belle Igname on en trouve pluſieurs qui forment une eſpéce de grape; les groſſes au contraire peuvent ſe partager en vingt morceaux, dont chacun ne contient qu'un germe qui produit une Igname d'autant plus belle qu'elle trouve à s'étendre à ſon aiſe; au lieu que le trop grand nombre des autres les gênent, & en font autant d'avortons.

ſitôt qu'elles ſont fouillées, ainſi il faut les conſommer à méſure qu'on les fouille, comme on fait des Patates.

Les Bananiers.

La meilleure ſaiſon pour planter les Bananiers eſt la pleine Lune d'Aout, ils rapportent neuf mois après, c'eſt une véritable Manne du Pays pour les Négres, & une fois plantés on n'y penſe plus ; ils multiplient de telle façon qu'on eſt obligé d'en rétrancher le ſuperflu ; de ſorte que lorſqu'on a une fois une Bananerie, il y en a pour la vie de l'homme, pourvû qu'on ait ſoin de les éclaircir une fois l'an, d'en ôter les hailliers & liennes qui leur nuiſent ; on a ſoin de les planter dans les endroits les plus humides, & principalement le long des ravines quand on en a la commodité.

Je ne ſçai ſi la Lune a autant d'influence ſur les végétaux comme il nous plait de lui en prêter ; mais je puis bien certifier que nous obſervons cette coûtume très-réguliérement (j'ai penſé dire ſuperſtitieuſement) qu'on ne s'en moque pourtant pas, car c'eſt par une tradition très-ancienne que nous la ſuivons ; tradition qui nous paroit comme ſacrée, &

dont nous nous trouvons ſouvent fort bien ; j'ai pourtant enfreint les loix quelques fois ſur cet article, & je ne m'en ſuis pas trouvé plus mal. Par exemple le Manioc je le plante toujours le premier, le ſecond & le troiſiéme jour de la Lune, & je réuſſis fort bien ; il eſt certain qu'il eſt bien quinze jours en terre, quelques fois trois ſemaines avant le lever, par conſéquent il leve en décours ; je crois qu'à toutes les plantes tardives on en pourroit faire de même. (*a*) Voici celles que j'ai ſouvent planté avec ſuccès ; par exemple le Manioc que je viens de citer, le ris (qui par parentheſe ſe plante dans les mornes en Janvier, Mars & Mai, & dans la plaine à la St. Michel), les Pois de France, Haricots & autres gros Pois. Quant aux Pois Pigeons, Saint Domingue & autres de cette

---

(*a*) Comme ſont les Ignames & les Bananiers ; pour ces derniers je crois qu'il y a de la folie à prendre les jours fixes de la Lune ; je voudrois bien ſavoir ſi les rejettons qu'ils multiplient preſque tous les mois obéiſſent exactement à cette coûtume, & s'il leur eſt ordonné de ſortir de terre à point nommé au décours ; chaque rejetton ne laiſſe pourtant pas de rapporter ſa régime de Bananes.

eſpéce, il eſt certain que ſi on les plante en Lune nouvelle, les vers les piquent auſſi-tôt, même ſur pied d'aucuns qu'il y a, par conſéquent ils ne ſont abſolument point de garde. Le Mahy & généralement tous les grains à l'exception du ris, ſont ſujets à la même avarie ſi on les cueille en nouvelle Lune, ils ne ſauroient ſe conſerver ſeulement trois mois ſans être tous vermoulus, de ſorte que quand même ils ſeroient mûrs le cinquiéme jour de la Lune, il en faut différer la récolte juſqu'au décours; cela n'empêche pas qu'on ne plante le Mahy en croiſſant ſi la néceſſité le demande; mais alors il ne rapporte guéres qu'un épi, & en décours deux & ſouvent trois; il en eſt de même des Patates qui n'en produiſent ordinairement qu'une, quelques fois point.

Mil à Panache.

On plante le Mil à Panache en Août, dont on fait la récolte à Noël, on le taille immédiatement après pour en faire une ſeconde récolte à Pâques; on choiſit ordinairement les terres inutiles pour le mettre, occupant un grand eſpace, & ſe naturaliſant facilement dans une mauvaiſe terre : le Mil à chandelle ſe plante à la fin de Mars, celui-ci eſt plus délicat & demande une bonne terre, il ne produit qu'une récolte, on en peut planter en Août, mais alors il rapporte plus de faux épis que de bons.

MAHY.

Le Mahy ſe plante en Août & Septembre (*a*) entre les ſouches de l'Indigo, on en garnit toute la place, cette récolte qu'on fait en Décembre ſert à faire les éléves des volailles & pour engraiſſer les cochons ; & comme on n'en plante qu'une fois l'an, il n'y a pas un coin d'oublié afin que la récolte ſoit aſſez abondante pour fournir de grain d'une année à l'autre.

Voilà une liſte des vivres qu'il convient de planter ſur une place ; quelques nombreux qu'il vous paroiſſent, ils ne ſont pourtant deſtinés que pour l'uſage de

(*a*) On plante également le Mahy en Mars & Avril, mais comme l'Indigotier n'en plante qu'une fois l'an, ſon terrein étant occupé, je dis qu'il ſe plante en Août & Septembre ; on peut auſſi planter le Mil à Panache quand on veut, pourvû qu'on le taille en Août.

l'habitation, pour les Enfans, les Domestiques, les Malades, les Négrillons, &c., & dans une nécessité pour tous les Négres en général; j'entens lorsque les Négres en manquent dans leurs places; car chaque Négre a son petit coin de terre en particulier qu'il cultive, tant pour lui & sa famille que pour faire quelques éléves qui lui procurent ses vêtemens (car il ne faut pas penser qu'un simple réchange que leur Maître leur donne soit suffisant pour toute une année), & bien qu'ils ne travaillent que pour eux, il faut que l'Econome soit exact d'en faire la visite, sans quoi il s'en trouveroit souvent de dépourvûs de vivres, les Négres étant d'un naturel si paresseux, qu'il n'y a que la crainte du châtiment qui les fasse agir; & comme ils n'ont que les Fêtes & Dimanches pour y vaquer, il leur arrive souvent de préférer la promenade à la culture de leur place, quoiqu'il ne leur soit pas permis de sortir sans un billet de leur Maître ou de l'Econome, ils ne font pas difficulté de passer les ordres, au hazard d'être arrêtés & d'en faire payer la prise à leur Maître. (*a*) Il convient donc à l'Econome de les tenir de court jusqu'à ce que leur place soit en ordre ; pour lors on leur permet de se divertir ; & pour les engager d'avantage à y être reguliers, on leur donne de tems en tems quelques jours d'œuvre pour y travailler lorsque les travaux ne pressent pas, ce qui fait un effet merveilleux pour éviter de se trouver sans vivres.

La nécessité qu'il y a d'en être muni, s'exprime assez de soi-même, & si j'en recommande l'exactitude, ce n'est que pour condamner l'indolence affectée de nombre d'habitans qui n'en font pas de cas, dominés qu'ils sont par l'avidité de grossir leurs revenus, & qui par cela même en prennent une route toute oposée. En effet, je demande quelle figure un

(*a*) Tout Négre qui quitte la maison de son Maître doit être muni d'un billet, par lequel il lui est permis d'aller en tel endroit, & on doit spécifier dans le billet ce dont il est chargé, la date du jour & le tems qu'il doit être absent, autrement le premier venu est en droit de l'arrêter & d'exiger six livres de son Maître lorsque le Négre est pris dans le quartier, & d'un quartier à l'autre on paye 18 livres ; s'il est arrêté sur le terrein Espagnol, il en coute cinquante écus par chaque Négre.

Négre peut faire dans un travail aussi rude qu'est celui de bêcher la terre depuis le matin jusqu'au soir, n'ayant pas d'alimens pour animer ses forces ? Je conviens que le Négre est fort sobre quand le cas le requiert, & en même tems fort avide dans l'abondance qui le rend fort & robuste, & lui fait faire plus d'ouvrage dans un jour que n'en feroient quatre autres qui pâtissent. C'est donc négliger ses propres intérêts que d'être abstrait sur un point de cette importante.

Génie du Négre caractérisé.

Avant d'entrer dans le détail des travaux, je caractériserai le génie du Négre, qui n'est pas facile à définir. Il faut bien des années pour parvenir à le développer & même l'étudier de près ; ainsi il convient que vous soyez prévenus de leurs mœurs afin de vous garantir de leur piége ; ils sont généralement parlant, fourbes, menteurs, paresseux, lascifs, impudens, s'ils ne sont tenus dans des justes bornes. C'est une malheureuse nécessité de leur faire subir des chatimens proportionnés à leurs crimes, sans quoi ils sont tout prêts à retomber dans le même vice. Le larcin est chez eux comme un ſecond péché originel ; ils ne s'en font aucun ſcrupule, & quoiqu'ils ſoient pris ſur le fait, ils ne l'avoueront jamais ; rarement déclareront-ils leurs camarades, convaincus qu'ils ſont qu'ils ſe trouveront eux-mêmes dans le même cas à la premiére occaſion qui s'en préſentera ; il ſemble même que le bien d'autrui leur appartient de droit. Ils ſont aſſez adroits pour s'en ſaiſir ; ils ſe perſuadent que les riſques qu'ils ont courus en s'y expoſant, leur tiennent lieu de pardon ; ils ont même une ſecrete joye après l'action, qui éclate ſur leur viſage ; & ſi dans le moment cet adroit champion rencontre quelqu'un de ſes camarades, il lui en fera une fête, en lui faiſant part (ſelon ſon expreſſion) d'une acquiſition gratuite que Dieu lui a donné. A l'égard du travail, ils en font toujours le moins qu'ils peuvent, ainſi il faut ſans ceſſe veiller ſur leur conduite & ne jamais s'y répoſer.

Je viens de vous inſinuer la ſévérité qu'il convient d'avoir pour les Négres ; mais gardez-vous bien qu'elle ne dégénére en cruauté, ce qui n'eſt déja que trop commun dans nos Iſles, où ſur un ſimple ſoupçon on commet des cruautés très-repréhenſibles même pour une faute la plus legére. Il faut toujours proportionner le chatiment aux crimes ; s'il est atroce il ne faut pas le ménager ; mais pour une faute légére, il faut souvent faire le sourd & l'aveugle, autrement ce seroit un châtiment perpétuel.

Si vous châtiez un Négre rigoureusement, pour quelque grand crime dont il est effectivement coupable, il ne s'en plaindra jamais, & par cet exemple vous contiendrez les autres dans des justes bornes par la crainte du même châtiment.

Négre Commandeur ; son caractére.

Vous comprendrez facilement par ce petit échantillon, que l'occupation d'un Econome qui veut remplir son devoir est extrêmement fatiguante, aussi les habitans pour en diminuer le poids ont jugé à propos d'établir un Commandeur Négre qui veille sans cesse sur la conduite des autres, & qui doit vous rendre un fidele compte de leurs actions ; les égards qu'on a pour lui en comparaison des autres ne contribuent pas peu à son exactitude ; si vous joignés à cela son autorité despotique sur tout l'attellier, vous serez convaincu de l'intérêt qu'il a de maintenir son poste ; mais ne vous réposez pas trop sur sa prétendue fidélité, il vaut ſouvent moins que tous les autres & on a intérêt de le choiſir de même, parce qu'étant plus méchant il ſe fait mieux craindre; comme il connoit les ruſes de ſes ſemblables, il ſait auſſi y appliquer les remédes convenables; il a outre cela un talent merveilleux pour vous entretenir dans l'illuſion; il affectera d'avoir pour vous un parfait dévouement qui n'aboutira qu'à vous tromper, ainſi pénétréz ſon génie, & que la familiarité que vous aurez avec lui n'aille pas juſqu'à lui faire comprendre que vous êtes convaincu de ſon attachement; ne faites point l'aveugle avec lui, car il ne pêche jamais par ignorance, ainſi quand il manque, châtiez-le doublement, il ne s'en plaindra pas, ſachant bien qu'il le mérite. Je finirai ici de vous caractériſer le génie du Commandeur par vous faire obſerver ſur qui il exerce le plus ſouvent les châtimens, s'il s'attache également aux plus ruſés comme aux plus ſtupides. Il ne s'adreſſe ordinairement qu'à ces derniers, qui ſont preſque toujours les victimes de ſa brutalité, n'oſant exercer ſa vengeance ſur les plus mutins avec leſquels il eſt ſouvent compere & compagnon, c'eſt à vous à lui en faire une verte réprimande en particulier; mais vous devez ſoutenir auſſi avec chaleur ſes droits en public en approuvant toujours les châtimens qu'il fait, ſauf à vous de vous en expliquer tête-à-tête avec lui pour faire droit enſuite à qui il appartient.

Je crois m'être ſuffiſamment étendu ſur ce qui concerne les Eſclaves, lorſqu'ils ſeront ſous votre conduite ; l'expérience vous aprendra le reſte, je les développerai plus amplement par la ſuite, je vais préſentement donner une idée des différens travaux qu'il faut faire ſucceſſivement.

Remarques ſur les travaux journaliers.

L'arrangement le plus convenable eſt de commencer par la plantation, & ſuivre par dégré les autres travaux. Il eſt de conſéquence d'obſerver, lorſqu'on plante l'Indigo, de n'enſemencer que la moitié du terrein préparé. On laiſſera un intervalle d'un mois ou plus pour le reſte ; c'eſt une précaution d'autant plus néceſſaire, que ſouvent les pluyes nous mettent dans la néceſſité de différer une premiére coupe ; ce qui pourroit préjudicier à la premiére herbe, ſi on alloit imprudemment planter tout à la fois, ſans donner au moins l'eſpace de tems convenable à celui qu'on employe à la couper. On profite même de cette alternative pour y faire une premiére ſarclaiſon qu'on ne ſauroit différer ; l'occupation ne manque jamais ſur une habitation, ſoit qu'il convienne de planter des vivres ou qu'il ſoit néceſſaire d'abbatre un bois neuf, ou de défricher un terrein empoiſonné d'herbes lequel on veut rélever, ou bien ſur lequel on ſe propoſe de faire quelques entourages ou bâtimens, l'on doit pourvoir à toutes ces occupations pendant la crue de l'herbe, car la coupe arrivant, à peine a-t'on le tems d'y ſuffire & de pouvoir ſarcler exactement pour empêcher que les mauvaiſes herbes ne ſe multiplient, ce qu'il faut éviter ſoigneuſement.

Préparatifs de la coupe.

Lorſque le tems de la coupe approche, les préparatifs conſiſtent premiérement à faire une viſite générale aux Indigoteries & à ce qui en dépend, pour s'aſſurer de leur ordre, ſavoir s'il n'y a pas quelques dangers d'écoulement, ſoit par les robinets ou par les cuves même; ſi les clefs ou les courbes ſont en bon état, enſuite on fait une réviſion à l'échafaud du puits & de ſon chaſſis ; il ne faut

fera châtier légérement pour la première fois à la tête de l'attelier pour donner exemple aux autres.

Sa tournée.

Il doit tous les matins faire ſa tournée à la place, où en arrivant, du premier coup d'œil il fera le dénombrement des Négres, en s'informant de ceux qui manquent & pourquoi ils ſont abſens, afin d'en pouvoir rendre compte à l'habitant s'il arrivoit qu'il s'en formalisât auſſi, & qu'il voulût en ſavoir la raiſon. Quand je dis de faire ſa tournée le matin, je n'entens pas exclurre le reſte de la journée; cette tournée du matin eſt pour s'aſſurer de ſon monde, afin de pouvoir rendre compte des abſens ſi l'habitant venoit à s'en informer; vous lui montrez par-là votre exactitude & l'on s'apperçoit facilement ſi quelque maladie ſubite n'arrête pas un Négre, à qui dans ce cas l'on peut donner un prompt ſecours ſi ſa ſituation l'exige; cette tournée ſe fait vers le lever du Soleil juſqu'à l'heure de déjeuner, après lequel on en fait une ſeconde vers environ les neuf ou dix heures, après quoi l'Econome ſe retire chez lui pour éviter les plus fortes chaleurs du jour; ensuite vers les trois heures de relevée il fait sa derniére pour estimer les travaux de la journée, & en même tems observer ceux qui sont les plus convenables pour le lendemain, car c'est un mouvement perpétuel.

Ses soins pour les malades.

Il convient à l'Econome de ne point négliger les malades qui sont à l'Infirmerie, & il doit les visiter deux fois par jour pour savoir si chaque malade a son nécessaire, si les blessés ou ulcérés sont exactement pansés, ce qu'il doit faire exécuter en sa présence pour plus de certitude. Il ne doit rien omettre pour le soulagement de ces malades avec lesquels il doit partager sa soupe dans une nécessité; mais comme par ce bon traitement il y en a nombre qui prennent du goût à cette façon de vivre qui leur paroît délicieuse, il s'ensuit que bien de malades prennent plaisir de l'être, & qu'ils affectent de l'être plus long-tems & plus souvent qu'ils ne devroient : examinez bien ces sortes de valétudinaires qui ont besoin qu'on les reléve de Sentinelle; mais ne confondez pas le vrai malade avec le faux, portés tous vos ſoins à ces premiers & faites leur donner leur néceſſaire en votre préſence, par là vous verrez bientôt vos malades hors de l'Hôpital.

Prendre un compte exact des animaux.

Le ſoin de compter les animaux de toute eſpèce, eſt encore du reſſort de l'Econome, comme auſſi d'avoir l'œil à ce qu'ils ſoient bien ſoignez : il faut qu'il faſſe également de tems en tems une ronde nocturne aux cazes (*par caze on entend maiſon où logement*) à Négres pour empêcher les déſordres qui pourroient s'y commettre, & ne jamais ſe répoſer à cet égard ſur la prétendue tranquillité de ces gens là. C'eſt là une confiance mal placée & dont ordinairement ils ſavent bien ſe prévaloir ; il doit auſſi leur recommander le ſoin de tous les uſtenciles de l'habitation, comme ſerpes, hâches, houës &c., & attendu que le Soleil les détrempe, leur ordonner expreſſement de les mettre à l'abri ; c'eſt au Commandeur ſur-tout de veiller à cela ſous peine de châtiment.

Son exactitude pour les entourages.

Il faut qu'il ſoit exact à faire une révision aux entourages une fois ou deux par semaine, pour s'assurer par lui-même s'il n'y a pas quelques brêches par où les animaux puissent entrer & causer en une seule nuit un dommage considérable ; c'est pourquoi il ne faut point différer d'y remédier en faissant boucher les breches sur le champ ; il faut aussi exactement faire tailler & chausser vos hayes vives au moins trois fois l'an, c'est le plus bel ornement d'une place qui frape agréablement la vûe, & en quoi on reconnoit le bon habitant.

Les accidens qui arrivent sur une habitation, ont ordinairement leurs sources dans l'indolence de l'Econome qui se confie trop legérement au rapport du Commandeur, qui prend souvent un plaisir malin de le tromper & sur-tout lorsque l'Econome lui déplait ; il s'en fait une étude afin que son Maître s'en dégoute à son tour. Les Négres sont d'un naturel fort inconstant, aimant à changer d'Econome souvent, & ayant de la peine d'en trouver un de leur goût, ce qui ne s'accorde guéres avec celui du Maître ; car on ne sauroit plaire à l'un sans déplaire à l'autre, c'est pourquoi il faut être sans cesse sur ses gardes & dans une continuelle méfiance, sur-tout lorsque l'Econome ordonne un travail qui ne peut être différé, il ne doit pas manquer de s'en éclaicir par lui-même, & châtier le Commandeur à la premiére faute qu'il fait de cette nature; car il ne peut oublier que malicieusement.

Il doit empêcher les assemblées des Négres étrangers.

Il doit aussi exclure toute assemblée des Négres étrangers, afin d'éviter les désordres qui suivent d'ordinaire ces sortes de fêtes qui ne se terminent guéres sans querelles, ou s'il les tolére quelques fois, il faut que ce soit avec circonspection, & à la charge que les Commandeurs de part & d'autre soient garans de leurs atteliers, sans qu'il cesse pour cela d'y faire attention pour être dans le cas au moindre dérangement de faire ranger chacun chez soi.

Ces sortes d'assemblées se font ordinairement pour les honneurs funébres de leurs défunts; c'est une Loi parmi eux de prier pour les morts; cette cérémonie se fait de cette maniére: les parens ou amis du mort, publient qu'une telle Fête ou un tel Dimanche on fera la Priére pour leur parent ou ami défunt, où les

Nations ou Compatriotes du mort sont priés d'assister ; ceux-ci ne manquent pas de se trouver au rendez-vous, où chacun est obligé d'apporter quelque chose, l'un se charge de quelques vivres, l'autre d'Eau-de-vie, un troisiéme de Sirop, ainsi du reste. En arrivant ils se font de part & d'autre des complimens de bienveillance ; ensuite ils s'assemblent en formant un cercle vis-à-vis la porte du défunt, & prenant une bouteille d'Eau-de-vie, ils en arrosent le seuil de sa porte, dans l'intention sans doute de réjouir sa pauvre ame : cette petite cérémonie finie, ils se mettent humblement à genoux, & récitent fort dévotement en apparence les Priéres qu'ils savent & que le plus ancien, ou plutôt le plus savant de la troupe commence, & que les autres répétent mot-à-mot ; cette Priére finie chacun baise la terre, & se leve, ils font une seconde aspersion ; après quoi ils se mettent à danser deux à deux jusqu'au dîner, auquel les amis du mort ont eu soin de pourvoir par le sacrifice d'un cochon qu'ils sont obligés d'immoler à ses manes, dont ils ont grand soin de faire une exacte anatomie & qu'ils disséquent à belles dents ; le reste de la journée se passe à chanter, danser, à faire des contorsions & des extravagances, cela ressemble à des vraies mascarades. Enfin chacun se retire chez soi : si le Maître ne permet pas qu'il y ait des Négres étrangers, la cérémonie se fait entre eux, & il n'est pas possible de les désabuser de leur superstition sur ce point ; (a) ils craindroient (selon leur opinion vraie ou fausse) que l'ame du défunt s'étudieroit à les tourmenter s'ils ne l'observoient ; cependant leur véritable motif n'est selon moi que l'occasion de se divertir. A l'égard du convoi, il n'est pas moins bizarre ; le corps se porte en cadence au son de la voix rauque de deux de la nation qui sont à la tête,

(a) Cette coûtume superstitieuse fut enfin abolie par un Arrêt du Conseil Supérieur du Cap, sous peine de trois cens livres d'amende au Propriétaire ou Gérent. Le 7 Avril 1758 à l'occasion des Makandalistes, ainsi nommés du nom de leur chef qui s'appelloit le Négre Makendal, qui subit alors le suplice du feu, avec quantité d'autres de ses Adjoints ou partisans qui avoient juré la destruction totale de la race des Blancs dans la Colonie ; fâcheuse époque pour nos Colonies, où nombre d'habitans ont fait des pertes irréparables, ce qui malheureusement ne confirme que trop à nos esprits forts ce que j'avois avancé sur cet article en 1736, que j'ai commencé d'écrire le traité de l'Indigo. Vous en verrez la confirmation dans la page 119 & suivantes, où il est question de la malice des Négres qui s'étend, &c.

chantans, danſans & hurlans comme des poſſédés, ils forment la marche qui eſt ſuivie des porteurs, dont chaque pas correſpond parfaitement aux accens lugubres de cette muſique infernale, qui continue juſqu'au cimetiére où il y a ſouvent plus d'une lieue de marche.

Tout Négre rebelle à ſon Commandeur doit être châtié avec ſévérité, puiſque ce Commandeur repréſente la perſonne de l'Econome qui doit le ſoutenir dans ſes droits pour ne pas donner atteinte à ſon autorité, & contenir par-là les autres Négres dans une parfaite obéiſſance.

J'ai encore un avis important à vous donner qui ſervira de clôture à cet ouvrage; c'eſt de vous comporter dès le commencement ſur un pied à leur faire comprendre que vous êtes inexorable à quiconque enfraindra vos ordres, ils ne manqueront pas de vous éprouver, c'eſt leur premiére étude; mais tenez ferme & ſoyez rigide dans vos premiéres fonctions, afin que vous connoiſſant pour tel ils ne ſe relâchent point, l'indulgence étant la voie directe qui conduit au relâchement, celui-ci au déſordre & enfin à la perte totale de l'attelier.

La corruption des tems, ou la dépravation des mœurs a introduit une autre espèce de désordre qui régne dans plusieurs atteliers, & que je vais traiter en particulier. Celui-ci est d'une nature toute opposée aux autres, puisqu'il n'y a que l'Econome qui en communique la contagion aux Négres; les gens du Pays comprendront dans le moment que je veux parler des intrigues que les Economes ont avec les Négresses; & quoique cela soit très à la mode, je ne laisserai pas de faire observer les désordres qui en résultent souvent; je ne prétens pas m'ériger en censeur, encore moins en moraliste sur ce sujet, je laisse à nos Pasteurs de foudroyer ce vice; & bien qu'ils s'en acquittent avec beaucoup de zéle, je ne vois pas le moindre changement sur cet article; je n'ai donc garde de vouloir entreprendre de l'abolir, étant bien certain que ce seroit sans succès; mais Messieurs les Economes me permettront de leur faire sentir combien il est onéreux à l'habitant qu'ils s'attachent aux Négresses qui sont sous leur discipline. De-là naissent les divisions des Négres, la jalousie & le murmure parmi l'attelier, qui quelques fois ont des suites très-funestes. Si un Econome débauche la femme d'un tel Négre, celui-ci pour s'en venger dé-

…nera celle d'un de ses camarades; il …onc d'un exemple dangereux pour …Négres qu'un Econome en agisse ainsi; …ils jouent le même rôle que lui, & …e craignent pas même d'encherir en ré…udiant tour-à-tour toutes les Négresses …our qui ils commencent à prendre du …égout, car ils n'ont pas plus de scrupu…e sur cet article que sur celui du larcin; …eux vices auxquels les Négres sont éga…ement asservis & qui demandent un frein …roportionné pour en arrêter les progrès …ar des châtimens réitérés. Je demande … l'Econome comment il y réussira, s'il …'est pas lui-même dans un dessein bien …éterminé de s'affranchir d'un joug aussi …réjudiciable pour lui, qu'onéreux à l'ha…bitant?

S'il étoit de mon ressort de prouver à l'Econome le tort qu'il se fait par une …pareille irrégularité, je donnerois un li…bre cours à ma foible plume qui feroit …peut-être plus d'impression sur son esprit, …que toute la morale Chrêtienne que nos …Pasteurs s'efforcent tous les jours inutile…ment d'inspirer sur l'importance du sujet; …mais il ne m'appartient pas de traiter une …matiére si sérieuse, ce seroit d'ailleurs m'é…carter de mon objet; je le renvoie seu…lement à ses propres lumiéres afin qu'il faſſe ſon profit du peu que j'en avance avant qu'il ait le tems d'en faire la triſte expérience. Il ne ſauroit ignorer que le moindre des maux qu'entraîne après elle cette funeſte paſſion eſt une honteuſe indigence, & ſouvent une vie languiſſante & douloureuſe. Combien de jeunes gens qui après vingt années de ſéjour dans nos Iſles ne ſe trouvent pas plus avancés que le premier jour qu'ils y ont abordé. A Dieu ne plaiſe que je veuille par là mépriſer mes Compatriotes, chaque perſonne a ſon foible, & je ſuis plus porté à les plaindre qu'à les blâmer ; mais j'ai cru qu'un avis de cette importance leur ſeroit ſalutaire, & qu'ils y feroient les réflexions qu'exige la nature du grief.

Définition du génie Négre ; les moyens de ſe garantir de leurs piéges.

Non ſeulement vous couperés la racine à pluſieurs maux que cette honteuſe paſſion enfante, mais encore vous ſerez libre d'exercer la diſcipline ſur l'un & l'autre ſexe ſans diſtinction ; exempt de tout blâme vous aurez un entier deſpotiſme ſur tous vos Négres qui ſe ſoumettront avec une obéiſſance aveugle à vos volontés, & aux chatimens que vous exerçerez... contre les coupables qui ne s'en plaindront jamais ; car le Négre a cela de singulier qu'il se fait rendre justice à lui-même, & bien qu'il n'avoue jamais sa faute, il ne s'en prend pas à celui qui le chatie, & ne tourne son indignation que sur celui qui en est l'auteur ; s'il n'y en a point ou qu'il l'ignore, il avoue franchement que c'est sa propre tête qui lui cause son malheur, (*expression du Négre quand il s'accuse*) mais au travers de cette franchise, il ne peut s'empêcher de suivre son naturel malin, & à l'ombre d'un dehors stupide, il seroit capable d'en revendre au Blanc le plus rusé ; (*a*) il vous paroîtra sans doute que je m'étends trop sur son naturel vicieux, mais j'ose bien vous protester que je n'ai fait que

(*a*) Ce Négre faisant son unique application d'étudier le caractère de son Maitre ou de celui qui le gouverne, il n'est pas étonnant que nous en soyons quelques fois la dupe, parce qu'il sait saisir adroitement notre foible ; & comme il s'abuse de la clémence qu'on a pour lui, il n'est pas surprenant qu'il tombe souvent en faute ; l'humanité qui en quelque façon doit être notre propre, y a beaucoup de part, ainsi quelque rusé qu'il soit nous ne sommes sa dupe que parceque nous faisons semblant d'ignorer ce qu'il désire qu'on ignore.

l'ébaucher, & que ſi je mettois la malice du Négre en plein jour, nos Européens auroient bien de la peine à comprendre que nous puiſſions nous ſervir de pareilles gens ; mais nous avons recours à une fermeté reglée pour les contenir, ſans quoi il ne ſeroit pas facile d'en jouir. Il eſt rare que le Négre ſerve de bonne volonté, il n'y a que la crainte du châtiment qui le faſſe agir. C'eſt pourtant la richeſſe du Pays, car nous ne calculons nos revenus que ſur le nombre d'Eſclaves de l'un & de l'autre ſexe qui ſont employés dans nos manufactures.

J'ai toujours été du nombre de ceux qui panchent du côté de la clémence, ſans que j'aye eu la moindre répugnance à les châtier rigoureuſement quand il s'agit de crimes capitaux au ſujet deſquels on auroit bien de la peine à me fléchir ; (c'eſt une néceſſité de le faire) mais je veux que ce ſoit avec connoiſſance de cauſe. Je ſai bien qu'il y a des habitans qui ſont trop cruels à leur égard, mais ſi je les blâme quelques fois, je ne puis que les aprouver dans certaine circonſtance, vû la mauvaiſe volonté du Négre qui m'eſt parfaitement connue. Qu'on ne ſe figure pas que je parle par prévention, la choſe eſt au pied de la lettre.

Les Européens nouvellement arrivés au Pays, feroient tentés de nous prendre pour des barbares ; mais ils n'ont pas féjourné fix mois dans le Pays qu'ils font d'un avis tout contraire, voyant par leur propre expérience la néceffité qu'il y a d'être rigide à l'égard de cette efpèce d'hommes.

La malice des Négres s'étend jufqu'au maléfice, les gens d'efprit n'en font point de cas & le révoquent abfolument en doute, le commun des habitans par un contrafte digne de leur ignorance y ajoute foi jufqu'à la fuperftition ; je crois que la vanité des uns & la ftupidité des autres leur font également préjudiciables, j'ai vû les premiers y faire des pertes confidérables par leur incrédulité, & ceux de la feconde claffe en être fouvent les dupes. Lorfque les Négres font une fois convaincus de la fuperftition de leur Maître, il n'y a guére de douleurs où d'incommodités notables dont les Négres qui en font atteins, ne fe prévalent pour infinuer adroitement à leurs Maîtres, que l'origine de pareils maux vient de quelque prétendu fortilége, & fous ce prétexte ils leur demandent humblement la permiffion d'aller trouver un tel Medécin Négre pour en obtenir une prompte guériſon ; celui-ci plus fourbe encore que le malade, l'amuſe une eſpace de tems convenable, au bout duquel il le ramene à ſon Maître en lui vantant la belle cure qu'il vient de faire, s'étendant beaucoup ſur la peine qu'elle lui a donnée & que le prétendu guéri ne manque pas d'apuyer de toutes ſes forces par l'intérêt qu'il a de garder le ſecret ; ainſi il n'y faut être crédule qu'à bonne enſeigne. Il eſt pourtant vrai que ces prétendus Medécins ont fait des cures auxquelles les Chirurgiens avoient renoncé (je ne répons pas qu'il n'y ait eu de la ſupercherie) ; le mercure & l'antimoine leur ſont inconnus pour les maux vénériens, & ils les guériſſent parfaitement bien ſans aucune friction, ils ſe ſervent de bains pour provoquer la tranſpiration ; ils ont des ſecrets admirables pour bien des maladies dont les Négres ſont attaqués, qu'ils guériſſent par le moyen de ſimples inconnus a tout autre qu'à eux ; mais comme ils ſont tous fourbes, ils abuſent ſouvent de la confiance qu'on a dans leurs remédes. Au reſte je vous dirai franchement que je ne ſuis pas trop crédule ſur le premier article, mais j'en ai vû des effets qui n'ont pu que me convaincre, qu'ils ne ſe ſervent que trop bien

bien de leur art diabolique, qui s'étend tantôt ſur les animaux, tantôt ſur leur propres camarades qu'ils mettent dans un état ſi pitoyable qu'il ne ſe termine ordinairement que par la mort. Je n'entreprendrai pas d'expliquer ce phénoméne, j'en laiſſe le ſoin aux ſpéculatifs, mais je puis bien atteſter qu'ils n'y échouent guéres. (*a*) Ils ont outre cela un talent merveilleux pour dérober les bœufs, moutons & cochons dans les parcs, en dépit des chiens & même des Gardiens qui ſont à la barriere : quant à ce dernier cas il ne faut pas être grand ſorcier pour en venir à bout, ils ont ordinairement avec eux quelques compagnons de fortune qui ont le ſecret d'amuſer les Gardiens qui ſont à la barriere, par des jolis contes, pendant qu'ils font des brêches à l'extrêmité oppoſée par où ils font paſſer leur proye; il eſt même aſſez commun que les Gardiens y ſoient complices, en

(*a*) Le miſtère s'eſt développé par le propre aveu des Makandaliſtes qui ont péri par le ſupplice du feu, & qui ont déclaré ſe ſervir des poiſons lents & même d'autres très-ſubtils, qui emportoient un homme en moins de vingt-quatre heures lorſqu'ils vouloient l'expédier promptement.

ce cas ils ne manquent pas d'avoir part au gateau au risque d'en payer les frais si le cas y écheoit, ce qui ne leur manque guére, n'étant pas plus pardonnables, innocens que coupables, puisqu'ils doivent répondre des animaux qu'on confie à leur garde, & qu'il est du devoir de l'un de veiller, pendant que l'autre dort, & de se rélever ainsi réciproquement l'un après l'autre. C'est un plaisir de voir avec quelle naïveté ils se défendent en pareils cas ; jamais ils ne sont coupables, quoiqu'ils avouent avec une ingénuité à persuader les plus méfians qu'ils ont vû passer le tout sous leurs yeux, mais qu'ils ne savent par quel enchantement la voix leur manquoit, & ce qui les tenoit comme immobiles aussi bien que les chiens qui paroissoient pétrifiés ; enfin ils ajoutent que le charme en se rompant, les a plongés dans un sommeil si profond qu'ils n'auroient pu s'éveiller sans le bruit que les Négres ont fait en allant au travail. Si on veut se payer de ces raisons ils en sont quittes à bon marché.

Fin de la seconde & derniére partie de l'Indigotier.

TRAITE'
UR LA CULTURE DU CAFÉ.

escription de cet arbre & de sa manufacture.

SI j'écrivois en Historien, il me conviendroit de commencer par l'origine du Café ; mais ce feroit vouloir aller trop n., sortir de ma sphére & répéter ce e vingt autres ont déja dit, sur le téignage les uns des autres, & dont le i & le faux font un agréable mêlange. crois qu'il importe fort peu à ceux liront ces Mémoires, que le Café pris naissance au fond de l'Arabie ou l'extrêmité du Pole-arctique, & que chevres fabuleuses du bon Pere Labat en ayent fait la découverte ; ce n'est pas ce qu'il y a de plus intéressant dans mon petit projet, & puisque mes intentions ne tendent uniquement qu'à être utile, je me contenterai seulement de remarquer comment il nous est parvenu & en quel tems.

Suivant la voix la plus commune, nous sommes rédevables aux Hollandois des premiers arbres du Café ; c'est eux qui les premiers ont commencé de le cultiver à Batavia, ensuite à Suriname, & quelques années après, les habitans de Cayenne, avec un succès au-delà de leurs espérances. Ce fut en 1722, à l'occasion d'un voyage que Mr. Delamotte Aigron (pour lors Lieutenant de Roi à Cayenne) fut obligé de faire à Suriname, colonie Hollandoise, à quatre-vingt lieues de Cayenne, pour des affaires de service qui ne sont pas de mon sujet. Il vit les arbres qui rapportent le Café & apprit à les cultiver ; il n'étoit plus question que d'en avoir du plan, ce qui n'étoit pas facile, puisqu'il étoit défendu sur peine de la vie, d'en vendre n'y donner un seul grain aux étrangers, qu'il ne fut seché. Il en vint à bout pourtant par le secours d'un François réfugié chez les Hollandois, & il y réussit parfaitement bien, puisqu'en 1724 & 1725 il y avoit déja plus de soixante mille pieds de Cafés rapportant; & en 1726 ils commençoient à rapporter à la Martinique; ceux-là doivent leur origine à deux pieds de Cafés sortis du jardin Royal de Paris, dont Mrs. les Hollandois avoient fait présent au feu Roi, Louis XIV de glorieuse mémoire; & peu de tems après à St. Domingue; car je me rappelle d'en avoir vû en 1728, mais il n'y en avoit que quelques pieds dans les jardins des curieux; ceux-ci ont tellement multiplié qu'on en en a fait des plantations. Mrs. les habitans du Dondon, à sept à huit lieues du Cap, ont été les premiers qui l'ont cultivé & s'y sont enrichis. Un certain Gascon (*a*) homme jovial comme le sont

(*a*) Je cite celui-ci par préférence, étant un des premiers qui ait commencé d'en planter, il y a fait une fortune rapide qui a été admirée de tous les habitans; mais les avances des Négres qui lui ont été faites n'y ont pas peu contribué; car avec un petit nombre de Négres on peut les deux premiéres années planter & entretenir six fois autant de Café qu'on en pourroit récolter. Or, si lorsqu'ils sont rapportans, on vous avance les Négres suffisants pour les cueillir, il ne sera pas difficile de s'enrichir; avec cette avance on entreprend le double, & successivement on se trouve en état de faire une fortune rapide.

tous ceux de sa nation, nommé Dupuis y a fait une fortune des plus brillant en très peu de tems, quoiqu'il n'eût commencé qu'avec cinq à six Négres ; il pa en France environ dix ans après, laissa son habitation avec le nombre de ce têtes de Négres. Aujourd'hui il n'est gué d'habitation dans les mornes qui ne so plantée en Café, à proportion des Négres de chaque habitant, & il y aure lieu d'espérer de faire fortune si les Commerçans d'aprésent avoient le bonheu que les premiers ont eu, c'est-à-dire les avances des Négres qu'on leur a fa à mesure que les Cafés fesoient des progrès, les longs crédits leur ayant facilit de payer les Négres de leur propre travail. Aujourd'hui cela est changé & bie différent de l'année 1753, car sans comptant, point de Négres, encore sont-ils un prix exhorbitant ; quinze à seize cen livres chacun, dont il faut trouver u tiers comptant & quatre mois de crédi pour le reste, sous bonne & suffisant caution ; de façon qu'il faut que l'habitant qui commence ait une grande économie pour pouvoir s'avancer, & pou peu qu'il soit en famille, il peut compter de travailler jusqu'au retour de l'âge.

Cependant les progrés des uns donnent

de l'émulation aux autres ; chacun à l'envi défriche du terrein, & il y a apparence que tous les mornes habitables seront bien-tôt couverts de Café, puisque tous les jours on défriche des nouveaux quartiers, l'abondance en sera si considérable par la suite, qu'il est à craindre qu'elle ne dévienne à un prix très modique ; on s'imagine faussement que quand il ne vaudroit que huit à dix sols la livre, on ne laisseroit pas d'y trouver son compte. J'accorderai bien ceci à un petit nombre d'habitans qui en font considérablement & qui sont près de la Ville, à qui les charrois coutent peu parce qu'ils sont les plus aisés, ayant des voitures commodes & la facilité des cabrouets ; mais ceux qui sont à quinze & vingt lieues du Port, & qui ont cinq à six lieues de mornes à traverser, quelle dépense ne leur faudra-t'il pas faire pour se procurer le nombre d'animaux de charge nécessaires, qui sont déja à un prix considérable & qui encherissent tous les jours de plus en plus ? Que l'on calcule, chaque cheval ne porte que cent cinquante pésant pour peu qu'on soit éloigné ; à dix sols la livre, voilà soixante-quinze livres par charge, sur quoi il convient de déduire, les dépenses, le passage, la commission à deux & demi pour cent; si on fait attention à toutes ces déductions, & qu'on entre dans le détail des pertes des animaux, on sera facilement désabusé de la fausse prévention où l'on est, qu'il ne faut qu'être Cafétier pour faire une prompte fortune; & laissons à part pour un moment les avaries dont le Café est susceptible, on en sera suffisamment convaincu.

Mais on se flatte toujours, & le François, plus que toute autre nation, est ingénieux à grossir les objets, il n'y en a pas qui ait l'imagination plus riche que lui; il n'a pas sitôt calculé le produit d'un certain nombre de pieds de Cafés, exploités par tant de Négres, qu'il ne forme un revenu fixe, copieusement proportionné à ses facultés; car tout est profit chez lui, il ne prevoit jamais aucune perte. Qu'en arrive-t'il au bout du compte? C'est qu'il a le même sort du Marchand de verre, dont il est fait mention dans les mille & une nuit.

Il faut pourtant convenir que la culture du Café a des apas bien attrayans, ses commencemens paroissent tout d'or; la facilité avec laquelle on le cultive est toute charmante, on est enchanté de ses progrès; le nombre qu'on en peut entretenir avec fort peu de monde, vous le fait envisager comme le revenu le plus solide, qui coute le moins & qui produit le plus, & ce qu'il y a de plus singulier en ceci, c'est que tout cela se rencontre effectivement à la fois jusqu'au moment de la récolte; ce n'est qu'alors qu'on reconnoit son erreur, souvent ces riches produits s'éclipsent, & ces beaux pieds de Cafés qui promettoient tant, ménacent ruine dès leur premier raport.

J'ai vû en effet ces sortes d'accidens arriver assez communement chez bien des habitans, & je n'en ai pas été tout-à-fait exempt moi-même; il faut de l'expérience en toute chose pour en prevenir jusqu'aux suites. Cela provient souvent de la position des Cafés ou du terrein qui ne leur est pas propre; je ne suis pas de ceux qui disent que toute sorte de terre leur est bonne, & notamment la plus maigre suivant les sentimens du Pere Labat. J'ai toujours vû les plus beau Cafés dans la meilleure terre, cela est assez sensible; il arrive aussi que les racines sont rongées par un insecte que nous apellons Mahocat, (*insectes qui font mourir les Cafés*) (*a*) qui fait pé-

(*a*) Pour ne point interrompre mon sujet, je renvoye le Lecteur à la fin de l'ouvrage,

rir l'arbre insensiblement ; à ces sortes d'accidens il n'y a point de remède parce qu'il n'est plus tems lorsqu'on s'en aperçoit, la maîtresse racine, autrement dite le pit, est endommagé, & on n'en a pas la moindre connoissance, que lorsque la tige de l'arbre commence à fâner, & qu'il n'est plus tems d'y remédier ; d'autres qui périssent sans qu'on puisse au juste en deviner la cause ; j'en ai pourtant sauvé un grand nombre en les faisant rétailler à deux pouces au-dessous de l'endroit ou l'arbre commençoit à fâner, ce qui arrive ordinairement à l'extrêmité de la tige, & lorsqu'on leur rétranche la partie attaquée, le pied réprend viguenr & répousse des nouveaux rejettons par le nœud où il avoit été taillé ; mais il faut avoir soin d'arrêter ces bourgeons à la hauteur où l'on a intérêt de les maintenir.

On a découvert tout récemment une espéce d'insecte, qu'on apelle *Hannetons*, dont le museau long & pointu, est garni de scies des deux côtés, & qui avoient

au sujet d'une historiette concernant ce Mahocat ; elle est trop singuliére pour la passer sous silence, & je ne l'ai écrite que pour la rareté du fait.

faits des dégats terribles sur les Cafés; heureusement que cela n'a point eu de suite & qu'ils ont disparu presqu'en même tems qu'on s'en est aperçu; ce petit insecte fesoit à peu près le même manége que les vers à tuyaux; il creusoit tout le tronc de l'arbre depuis le bas jusqu'en haut, & le rendoit aussi vuide que le canon d'un fusil, sans que l'arbre en parut en aucune maniére endommagé; mais à la moindre secousse de vent, l'arbre se rompoit, c'est ce qui les a découverts, on en trouvoit souvent jusqu'à douze & quinze dans chaque tronc, qui avoient chacun sa loge particuliére, & creusoient jusqu'à sortir par le bout de la tige, pour se loger ensuite dans un autre pied le plus voisin, ils n'attaquoient ordinairement que les jeunes Cafés d'un an ou deux, dont le bois tendre & moëlleux étoit facile à percer, & ne s'adressoient jamais au vieux. Il n'y avoit pas d'autre remède pour arrêter les progrès de ces insectes, que de tailler le pied de Café à deux bons pouces de terre, & de les détruire par le feu en y faisant consumer les branches; par ce moyen on y a coupé cours, aux dépens de dix-huit mois de rétardement de la production des Cafés.

Au surplus il ne faut pas se figurer que les Cafés soient de longue durée dans les mornes ; à trois années d'abondance succéde la stérilité, & ceux qui ont échappé aux accidens auxquels ils sont sujets, ne raportent plus que très-foiblement à l'extrêmité des branches.

Les terreins des mornes sont de peu de durée.

L'évidence en est bien claire, la chute des eaux de pluie entraîne avec elle la superficie de la terre, la dégrade & y fait des fosses qui la rendent maigre & stérile ; pour remplacer cette perte nous sommes obligés d'en planter un certain nombre tous les ans ; par cette sage prévoyance, nous maintenons nos revenus à proportion des pertes qui nous sont inévitables.

Moyens de conserver le terrein.

Il est aisé de comprendre par ce que je viens de dire, que le terrein des mornes ne dure pas long-tems ; aussi pour en prolonger la jouissance, il convient de défendre expressement aux Négres de ne point arracher aucune racine d'arbre qui rampe sur la terre, qui en est toute entrelacée après en avoir défriché les bois ; cette précaution eſt d'une grande utilité pour la conſervation de la terre ; tant que ces racines ſubſiſtent, les eaux n'ont aucune priſe ſur la terre, & par ce moyen les pieds de Cafés ont le tems de croître & de couvrir de racines à leur tour, la terre qui les environne avant l'entiére conſommation des autres, ce qui leur donne lieu de réſiſter quelques années de plus.

Raiſon pourquoi on ne doit pas ſarcler à la houë.

On ne doit jamais ſarcler à la houë, crainte de bécher la terre, qui étant ainſi fouillée, part au moindre grain de pluie, & ſe trouve uſée avant que l'arbre ait le tems de fructifier.

Ceux qui nous débitent que le Café n'eſt point délicat, ne l'ont pas vû après ſon premier & ſecond rapport ; (*a*) il eſt

---

(*a*) Souvent le ſecond rapport décide de ſon ſort, lorſque le pied de Café y réſiſte il eſt ſauvé, auſſi commence-t'il à décliner à ſon troiſiéme ; l'excès du produit du précédent rapport ayant comme énervé le pied, il ne rapporte que fort peu l'année ſuivante, & lui donne lieu de réprendre des nouvelles forces.

bien vrai qu'avant ſa production il vient d'une viteſſe & d'une beauté étonnante, même dans la mauvaiſe terre ; mais la quantité de fruits qu'il produit l'accable, s'il n'eſt ſécondé d'une bonne terre qui puiſſe lui donner un ſuc proportionné ou ſuffiſant pour pouvoir le nourrir ſans en altérer le pied.

Secret du Pere Labat.

Le P. Labat nous enſeigne un ſecret admirable pour prevenir cet accident ; mais je crois qu'il ne ttouvera pas beaucoup de partiſans. Il conſeille de faire tomber la moitié des fleurs, afin de ſoulager le pied de Café. Où eſt en effet l'habitant qui toujours avide de groſſir ſes revenus, pourroit ſe réſoudre à en retrancher la moitié & être dans le doute du ſuccès de l'autre ; il y auroit même de l'imprudence de ſa part de prevenir d'avance ce que les orages ne manquent pas d'exécuter, puiſqu'ils font couler une quantité de fruits avant même qu'ils ſoient parvenus au quart de leur maturité.

Moyens de conſerver les pieds des Cafés.

Je crois que le remède le plus efficace

pour remédier à ce mal, est de maintenir le pied de Café à une hauteur proportionnée à la qualité du terroir qu'il occupe, dans un terrein médiocre, à trois pieds seulement (encore mieux à deux & demi); dans une terre profonde à quatre, & dans la meilleure à cinq. Je vais en donner la solution dans le moment, & je me flatte qu'on entrera dans mes vûes avec approbation. Ce pied de Café ainsi arrêté, tout le corps de l'arbre doit nécessairement en recevoir plus de nourriture; la séve ayant fort peu à monter, ces branches ne pouvant multiplier d'avantage, se convertissent en un bois presque aussi solide que le tronc même; l'arbre en rapporte moins de fruits, & ces branches se trouvant sans moëlle, sont en état de résister au peu qu'elles en produisent, ce qui doit incontestablement les maintenir. (*a*)

Maniére d'arrêter les Cafés.

Chacun arrête différemment les Cafés; il y en a qui prétendent qu'il faut les

(*a*) Depuis que j'ai écrit ces Mémoires, j'en ait fait l'expérience avec tout le succès que j'en attendois.

laisser produire leur premier rapport, ce qui n'est qu'un abus ; pour moi, sitôt qu'un Café est parvenu à la hauteur que je viens de marquer, je lui casse l'extrêmité de la tige qui en est fort tendre, ce qui l'empêche de hausser d'avantage, & donne lieu aux branches de s'étendre en long & en large, & de multiplier leurs scions ; cette operation fait former à l'arbre une belle rose ; dégagé d'un superflu incommode, il n'est pas surchargé, conséquemment les fruits en sont mieux nourris & moins sujets à couler ; il en résulte même un autre avantage, qui est la commodité de pouvoir les cueillir sans endommager les branches, comme il arrive à ceux qu'on laisse croître à leur liberté, & qui ont le tronc si foible faute de substance, que le seul poids de leurs fruits fait pencher toute la tige, & se trouvans accablés sous leur propre faix, périssent dans le tems où ils nous promettoient le plus.

Déclin de l'Arbre.

A mesure que l'arbre vieillit, cette abondance cesse, & le Café en est plus beau & plus estimé ; on comprendra peut-être qu'il vient plus gros, parce qu'il produit peu ; c'eſt tout le contraire, il eſt tout petit, & c'eſt en cela ſeul que conſiſte ſa qualité ; & tel pied qui à ſon ſecond rapport produiſoit deux livres de Café, aura de la peine à ſon cinquiéme d'en fournir un quarteron ; après quoi il ne produit plus que tous les deux ans, ayant une année où il rapporte peu & l'autre quelque choſe de plus ; ſur ce fondement, il eſt facile à concevoir que nous ſommes très-intéreſſés d'en multiplier le nombre tous les ans, pour prévenir le détriment ou le déchet de ceux-ci.

Le Café demande du bois neuf.

Il demande auſſi d'être planté dans de la terre vierge, ou comme nous nous exprimons aux Iſles ; dans des bois neufs, on perdra ſon tems ſi on le met dans des terreins qui ont ſervi ; il n'eſt pas qu'il ne produiſe par la ſuite, mais il eſt certain qu'il périra dès ſon premier rapport ou pour le plus tard au ſecond. Ceci paroît bien contradictoire aux principes du Pere Labat ; qu'on ne penſe pas pour cela qu'il n'accuſe pas juſte, il a écrit dès le commencement de la culture du Café, il n'avoit pas encore eu le tems d'en juger par expérience, il eſt même facile d'en être la dupe, puisqu dans quelque terrein qu'on le plante o y peut réussir; tant qu'il ne rapporter pas, le pied paroîtra beau, mais il ser épuisé dès sa premiére production.

Différence des terres de la Martinique • celles de St. Domingue.

Au surplus le Pere Labat parle de terreins de la Martinique, & moi de ceu de St. Domingue; il se pourroit que le premiers prévaudroient sur les derniers & suivant toute apparence il n'est pa douteux que cela ne soit. Si nos mornes de St. Domingue avoient été défrichés dans le même tems de ceux de la Martinique, il est bien constant qu'il y auroit bien des années qu'ils seroient hors de service, l'expérience y est formelle; car si nous voulions au bout de cinq à six ans, renouveller une piéce de Café dans le même endroit où il y en a déja eu; nous perdrions assurement notre tems & nos peines, on pourroit tout au plus y planter du Manioc, ou en faire des mauvaises savannes; car il n'y en a aucune de bonne dans les mornes.

Café de la Martinique, préféré à celui de St. Domingue.

Le terroir de la Martinique étant sans comparaison meilleur que celui de Saint Domingue ; (*a*) il n'est pas étonnant que le Café y soit plus beau & plus estimé, sans doute qu'il en reçoit une substance qui lui est propre, puisqu'il va de pair avec celui de Moka ; & quand il n'y auroit que l'ancienneté des arbres je lui accorde volontiers la préférence sur les nôtres ; quant à présent, elle lui appartient de droit : peut-être aussi que les soins que les habitans de la Martinique se donnent pour le cultiver & le faire

(*a*) Nous avons de certains cantons dans nos mornes qui sont fort pierreux, & où toutes les pierres sont celles qui produisent la chaux ; ces terroirs sont semblables à ceux de la Martinique, la terre y est très profonde, aussi bonne dans son fond qu'à sa superficie, ce qui fait qu'elle est d'une grande durée ; mais ces sortes de terreins ne sont pas communs, & ne sont que des côteaux qui ordinairement sont face à la mer ; car lorsqu'on a dépassé les cimes des montagnes, on ne trouve plus de cette roche à chaux, que par hazard dans quelques ravines, & elle n'est à proprement parler, qu'une tartre formée par le courant des eaux.

fécher y contribue beaucoup. En cela j'ai quelques reproches à faire fur la négligence de plufieurs des nôtres à cet égard, pourvu qu'ils le vendent ils ne s'inquiétent pas du refte ; je fai bien que ce n'eft pas leur faire ma cour, ni le moyen d'avoir leur applaudiffement ; mais auffi pourquoi le font-ils ? Pourvu que j'aye l'aprobation de ceux qui penfent bien ; que m'importe d'être blâmé par les autres. Il n'y a donc que ceux qui fe trouveront dans le cas qui s'en offenferont, & fi cette petite liberté pouvoit faire quelqu'impreffion fur leur efprit, & que par un louable dépit, ils vouluffent fe deffiller les yeux fur leur indolence, je m'aplaudirois moi-même ; il eft de certains efprits qui demandent qu'on leur dife leur verité.

Qualités remarquables dans les habitans.

Il faut pourtant convenir que tous les habitans, généralement parlant, font fort laborieux, entreprenans, généreux & magnifiques, ils feroient bien fâchés que leurs voifins les furpaffaffent fur ce point, (que l'oftentation ne fe mêle un peu de la partie, c'eft de quoi je ne répons pas) & fouvent la négligence qui paroît, n'eft qu'un pur effet de leur impuissance. Faute de moyens & de forces nécessaires pour l'arrangement de leur Manufacture, nombre d'habitans ne sont qu'à leur premier revenu ; je suis persuadé que dans quelques années d'ici cette Manufacture sera dans une perfection charmante ; nous en voyons déjà des effets dans ceux qui sont aisés, se disputer à l'envi, à qui aura les bâtimens les plus commodes & les plus splendides, avec des moulins & des glacis de nouvelle fabrique, n'épargnant rien de tout ce qui peut contribuer à la perfection & à la magnificence de cette Manufacture.

De tout tems on a donné la préférence au Café de Moka, rien de plus naturel, c'est le premier qui nous est parvenu & auquel le nôtre doit son origine, nous n'en connoissions pas d'autre il n'y a pas trente ans ; celui de la Martinique lui a succédé & les connoisseurs le trouvent meilleur ; cela n'est pas étonnant, il n'a pas le tems de se gâter à la mer comme celui de Moka, a qui il faut au moins un an avant qu'il arrive en Europe, & une autre année avant qu'il sorte des magasins de la Compagnie ; ce grain déséché ne sauroit manquer de perdre de sa saveur & diminuer considérablement de sa qualité ; quoiqu'on en puisse dire, qu'il doit être vieux pour être bon, je veux bien l'accorder pour un moment ; mais il faut qu'il acquiére cette vieillesse dans un endroit sec, exempt de toute humidité ; & non pas sur cet élement salé qui rend moite tout ce qui se transporte par cette voye, & pénétre même jusques dans les caisses les mieux fermées, où il a bien la force de ternir les galons d'or & d'argent quoiqu'ils soient bien enveloppés de cotton pour les en garantir. Croit-on le Café moins susceptible d'impression ? J'ai vû la rosée d'une seule nuit le rendre blanc comme de la neige, ce qui suffit pour ôter sa qualité onctueuse ou huileuse qui en fait tout le merite & la saveur.

On méprise le Café de Cayenne, (a) & celui de St. Domingue n'a pas encore la rénommée ; faut-il s'en étonner ? D'une habitation à l'autre on en fait la différence ; cela ne prouve-t'il pas que le soin y a plus de part que le reste ? Plusieurs en font qui n'ont pas seulement de quoi le mettre à l'abri des injures de l'air, n'a-

(a) Ils étoient méprisés dans les commencemens, mais aujourd'hui ils sont très-estimés, il en sera de même des nôtres par la suite.

ant pas encore eu les moyens ou la olonté de s'arranger ; leur Café n'étant u'à ſon premier rapport, eſt ordinaire-nent un Café extrêmement gros, fort ujet à blanchir quand on néglige de le aire bien ſécher & de le garantir de l'humidité ; c'eſt qu'on n'eſt point attentif l'empêcher d'être mouillé pendant le ems qu'on eſt obligé de l'expoſer au So-leil, car pour peu qu'il contracte l'hu-nidité, il devient coriaſſe & ſpongieux omme du liege ; ainſi en prevenant tous es inconvéniens il y a tout lieu de croire qu'on parviendra à le perfectionner auſſi bien que les habitans de la Martinique.

Pourquoi en douter ? Nos premiers Su-res & nos premiers Indigos étoient dé-fectueux, nous avons trouvé le moyen de les perfectionner ; ces Manufactures étoient ſans comparaiſon bien plus déli-cates que celle du Café, où il n'y a que rois points principaux à obſerver qui en ont la baze, & que le plus ignorant peut exécuter comme le plus habile.

Principaux points pour avoir du beau Café.

C'eſt de le cueillir bien mûr, (a) de

(a) Il faut pourtant obſerver de ne point le laiſſer trop mûrir ſur pied, parce qu'alors la

le faire bien fécher, d'éviter qu'il n
mouille & qu'il ne contracte aucune hu
midité après qu'il eft féché ; voilà tout l
myftere, fi après ces précautions on trou
ve du Café inférieur, concluez hardimen
que ce font autant d'avortons, qui pa
une trop grande féchereffe ou par un
production exceffive que le pied n'a p
nourrir, font privés de fubftance, c
qui eft l'unique caufe que le grain f
trouve faux, par la même raifon, il e
arrive autant lorfque les herbes fuffo
quent les pieds de Café & abforbent leu
nourriture. Voilà des preuves plus qu
fuffifantes pour nous convaincre que nou
parviendrons à le perfectionner, à moin
que le climat ou la qualité du terrei
ne s'y oppofent, ce que je ne crois pas
un peu d'expérience & beaucoup de foi
en feront l'affaire.

Ce qui a fait méprifer le Café de Sain Domingue.

La caufe principale qui a décrédité le
Café

---

pélicule eft fujette à refter collée fur la feve, ce qui en diminue le prix, quoique fa valeur intrinféque foit toujours la même.

Café de St. Domingue, c'eſt pendant la guerre de 1744, qui a fini en 1748, que chaque habitant s'empreſſoit de profiter du départ des flottes pour en avoir le débit, ce qui occaſionna une confuſion dans toutes les Manufactures, & notamment dans celle du Café; chacun s'empreſſoit à le faire ſécher promptement afin de profiter du départ des Vaiſſeaux; pluſieurs ſe ſervoient même d'étuves pour l'avancer plus vîte, & quoiqu'il n'y eût qu'un feu très-modéré, cela ne laiſſoit pas que d'être plus expéditif, parce qu'il ſéchoit nuit & jour, beau-tems ou non; à la ſortie de l'étuve, on le piloit & on le livroit tout de ſuite; de ſorte qu'il n'y avoit quelques fois pas quinze jours qu'on ſortoit de le cueillir qu'il étoit expoſé en vente; il n'eſt pas étonnant que du Café auſſi verd & auſſi mal conditionné ait blanchi pendant la traverſée, cela ne pouvoit être autrement; mais aujourd'hui qu'il a plus de ſix mois avant qu'on commence à le piler, il a tout le tems de s'affermir & même de s'avarier s'il avoit à l'être; auſſi s'en trouve-t'il quelques grains parmi la quantité qu'on a ſoin de faire trier; les expériences réitérées acheveront de le perfectionner, cela n'eſt pas douteux.

Politique des Hollandois.

Les Hollandois de Suriname par un raffinement de politique, avoient ſemé le bruit qu'ils paſſoient leur Café au four avant de le mettre en vente, afin d'empêcher qu'il ne ſe provignat ailleurs que chez eux ; c'étoit un erreur populaire dont on étoit tellement prévenu que perſonne ne ſe ſeroit aviſé d'en planter ; mais Mr. de la Motte Aigron (comme je l'ai déja dit) trouva moyen d'en avoir de frais cueilli, ce qui ſurmonta toutes les difficultés qui paroiſſoient s'y oppoſer, car on s'imaginoit fauſſement que le Café ſéché au Soleil tomboit dans le même inconvenient, c'étoit encore un autre erreur; j'en ai ſemé moi-même qui étoit cueilli depuis plus de ſix mois, qui a parfaitement bien levé ; j'avois ſeulement pris la précaution de le faire tremper, & au bout de cinq à ſix jours, ſon germe étoit ſorti de la longueur de deux lignes dans l'eau même où je l'avois mis ; aujourd'hui nous ne ſommes plus en peine de les ſémer, ils multiplient de telle façon qu'on eſt obligé de les arracher ſous chaque pied, leur voiſinage trop touffu, étant préjudiciable aux pied des Cafés qui en ſont environnés.

Maniére de planter le Café.

La façon de planter le Café est assez simple, mais qui cependant demande de l'attention ; on observe de bien nettoyer le terrein où on veut le mettre, & de fouiller d'avance tous les trous, cette préparation est très-nécessaire ; car la pluye venant à tomber, pénétre plus facilement dans la terre, il y a même plusieurs trous où l'eau séjourne, ce qui fait un effet merveilleux pour entretenir la fraicheur à cette jeune plante, qui a le tems de former de nouvelles racines avant que la chaleur du Soleil y ait fait impression ; j'ai coûtume de contribuer à l'entretien de cette fraicheur, par un petit mortier de boue claire que je fais faire & dont je fais envelopper le chevelu de chaque pied de Café, par ce moyen il réprend facilement, la plante & les feuilles étant d'une consistence naturellement forte, résistant long-tems à la chaleur, & secondés par cette précaution, il n'y en périt que fort peu ou point du tout. Ajoutés à ceci qu'en arrachant les pieds des Cafés pour les planter, je fais fouiller à la houe la terre où ils sont, au moyen de quoi le chevelu reste dans son entier, ce qui le maintient dans ſon état naturel ; car il eſt certain que le Café arraché à la main ſe trouve tordu où ébranlé, & que la meilleure partie de ſon chevelu reſte dans la terre, & c'eſt ce dont-il a le plus de beſoin.

A quelle diſtance on plante le Café, & ſentimens différens ſur leur diſtance.

Les ſentimens ſur la diſtance qu'on doit leur donner ſont très-partagés, les uns ont leurs raiſons pour les planter près-à-près ; je ne prétens pas d'en impoſer la loi. Mais voici le pour & le contre avec la liberté entiére d'en faire le choix. Ceux qui les plantent trop près à mon avis, (*a*) ſoutiennent qu'ils ſont bien fondés, que c'eſt leur conſerver cette fraicheur qui leur eſt ſi ſalutaire, puiſqu'au bout de l'an, c'eſt une petite forêt qui entretient cette même fraicheur, & empêche que les herbes n'y croiſſent ſi abondamment, & qu'en conſéquence ils ſont d'un plus facile entretien ; ils ajoutent encore qu'ils ont le double de Café, c'eſt ce qu'on ne ſauroit leur conteſter ;

(*a*) Il y en a qui ne leur donnent que quatre pieds de diſtance, d'autres encore moins.

mais la ſuite de tout cela ne leur eſt pas favorable, tout cela va bien juſqu'au premier rapport ; alors les Cafés ſe trouvent ſi ſerrés, que toutes les branches s'entrelaſſent, de façon que ne trouvant pas moyen de s'étendre, ils ſont reſtraints à ne produire qu'un nombre de fruits très-médiocre, ſouvent même n'y a-t'il que la tige qui en produiſe ; deſorte que quatre pieds de Cafés auroient peine à rapporter ce qu'un ſeul pied bien aëré peut fournir. De cette façon un millier de ces derniers Cafés fait plus de profit que quatre milliers des autres. Ajoutons a ceci l'incommodité de la roſée, il faut néceſſairement que les Négres ſoient mouillés depuis les pieds juſqu'à l'eſtomach, cela eſt inévitable ; penſe-t'on que ce ne ſoit pas une conſéquence ?

Je conclus donc que de faire les rangs de ſix en ſix pieds, & de planter l'arbre de cinq en cinq ſoit la meilleure façon, cela s'entend dans une terre médiocre ; il eſt vrai qu'il en coûte bien plus d'entretien, mais cette perte eſt balancée par bien des avantages. Premiérement, on en retire pluſieurs ſortes de vivres pendant les trois premiéres années ; ſecondement, l'arbre en devient bien plus beau & rapporte au quadruple, les branches trouvant moyen de s'étendre avec liberté ; & enfin les rangs de Café ayant une eſpace convenable, les Négres ne ſont pas ſujets à être mouillés en le cueillant, ce que j'eſtime beaucoup.

Profondeur des trous.

La profondeur des trous ne doit point excéder ſix à ſept pouces, & la hauteur du plan dix-huit ; ceux qui ſont plus petits cauſent ſouvent une année de retardement, ceux qui ſont plus grands réuſſiſſent mal. Avant de les poſer dans les trous, on a ſoin de leur couper l'extrêmité du pié, qui à ſon ordinaire cherche toujours à creuſer ; deſorte que ſi le roc ou la terre glaiſe ſont proche la racine, il y pénétre, & l'arbre périt dans le tems qu'on le croît échappé.

Seconde façon de faire les trous.

Il y a des habitans qui font fouiller les trous au louchet, (a) & ne manquent pas

---

(a) Le louchet eſt une eſpèce d'inſtrument de fer d'environ un pied de longueur, dont l'extrêmité ſupérieure eſt ronde & percée d'un trou où ſe trouve renfermé un manche de bois prode bonnes ou de mauvaises raisons pour appuyer leur sentiment, je n'en manquerois pas non plus pour les combattre ; mais je laisse la liberté à un chacun de travailler à sa fantaisie sans vouloir blamer personne, il me suffira de dire que je m'en trouve bien de les planter à la houe ; & ceux qui se servent du louchet me répliqueront sans doute qu'ils s'en trouvent encore mieux : hé bien soit. Je leur accorde volontiers si cela leur fait plaisir, j'y pourrois pourtant bien former une petite objection, sans prétendre qu'on suive mon sentiment par préférence ; je remarquerai seulement ce que j'en pense, sauf leur meilleur avis. Il est constant que la bonne terre qu'on trouve dans nos mornes, ne passe pas la profondeur de dix pouces, souvent beaucoup moins ; or, si on fouille les trous de la profondeur de dix-huit pouces, il est certain qu'on rencontrera le roc ou la terre glaise, il s'en suivra donc de-là que, lorsque la racine de l'arbre pénétrera à cette terre glaise, le pied périra ne trouvant plus

---

portionné, & de la longueur de trois ou quatre pieds, le bas de cet outil est plat & large d'environ quatre à cinq pouces, ayant son extrêmité coupante & un peu affilée.

cette bonne terre dans laquelle on l'avoit mis. Je ſai bien qu'on me répondra là deſſus qu'ayant rempli ces trous de bonne terre, il s'en trouvera en conſéquence toujours ſix à huit pouces de plus que dans ſon naturel, c'eſt ce qu'on ne ſauroit raiſonnablement conteſter ; mais en fouillant ce trou, on tombe ſans y penſer dans un autre inconvenient, qui eſt d'en faire une eſpèce de canari ou vaſe de terre, où néceſſairement les eaux doivent ſéjourner lorſque les pluyes ſont fréquentes, ce qui ne ſauroit manquer d'incommoder le pied des Cafés. Ajoutons à ceci que les racines de tous les arbres en général de ce Pays, ont une pente naturelle à ſuivre la ſuperficie de la terre ; on m'accordera donc, qu'en les plantant à ſix ou ſept pouces de profondeur, les racines ne ſauroient manquer de ſuivre la bonne terre, & de recevoir autant d'eau comme il leur convient, le ſuperflu ſe filtrera au travers de cette terre d'autant plus commodement, qu'elle n'eſt bornée ni d'un côté ni d'autre.

En quelle ſaiſon on plante le Café.

Il eſt de l'intérêt de l'habitant de choiſir un tems pluvieux pour la réuſſite de la plantation, afin que la plante soit bien arrosée. La Toussains est la saison la plus humide & où les nords sont les plus fréquents, il convient donc d'en profiter, car il est nécessaire que les Cafés reçoivent la pluye quelques jours après qu'ils ont été plantés ; mais comme les travaux d'une habitation ne se font que par dégrés selon qu'ils se presentent, il y a aussi plusieurs mois de l'année qui sont propres à cet ouvrage, lorsque les saisons sont pluvieuses ; ainsi on s'occupe à planter depuis la Toussaints jusqu'au mois de Mai, à mesure qu'on trouve du terrein préparé ; car tout ne sauroit l'être à la fois, ces derniers plantés croissent bien plus vîte que les autres, parce qu'on les plante dans le fort du printems où la terre travaille plus qu'en tout autre saison, au lieu qu'en hiver elle est comme stérile par l'abondance des pluyes qui la rendent trop froide pour la végétation des plantes ; mais quoi qu'elles soient plus de trois ou quatre mois sans végéter, lorsqu'on les plante en hiver, on est au moins certain que la plantation se fait avec plus de succès qu'en été, où l'on est obligé de la réiterer plusieurs fois, c'est ce que nous appellons recouvrage ; ce qui fait qu'ils ne produisent pas tous ensemble.

Vivres qu'on peut planter dans les rangs de Cafés pendant leur croiſſance.

Pendant le tems du crû de l'arbre, la terre ne reſte pas inculte ; au contraire, l'habitant en retire une grande douceur, attendu qu'on a ſoin de la remplir de pois, de mahy & de ris, dont on fait d'abondantes moiſſons pendant les deux premiéres années, ſur-tout lorſquon plante les Cafés à une bonne diſtance ; mais il faut obſerver de n'y mettre aucun pois qui rame, & les éloigner des pieds de Cafés auxquels ils pourroient nuire, de même que lorſqu'on y veut planter du ris, on n'en doit mettre qu'un ſeul rang entre les Cafés : il n'y a que ces ſeuls vivres qu'on puiſſe raiſonnablement planter entre chaque rang ; ceux qui en plantent d'autres n'entendent pas leurs intérêts. Il y en a pluſieurs par exemple, qui plantent un rang de manioc entre deux ; je veux bien leur accorder qu'un ſeul rang de manioc n'y ſauroit préjudicier, mais lorſqu'on viendra à le fouiller, il n'eſt pas douteux que la racine du manioc approchera de ſi près celle du Café, qu'on ne pourra arracher l'un, ſans nuire à l'autre ; outre qu'il y a un autre inconvenient pire que le premier, qui eſt que cette terre ainſi fouillée, étant emportée au moindre grain de pluye, y occaſionne des foſſes & ſe trouve uſée dans le tems que l'arbre commence à fructifier. Je ne parle pas de ceux qui y mettent des patates, parce qu'il faut être fol pour s'en aviſer, ou n'avoir aucune expérience.

Je range ces ſortes d'habitans dans la même claſſe, de ceux qu'à bon droit on appelle habitans aux herbes, & dont les places ſont dans le cours de l'année des ſavannes à faucher, à l'exception pourtant qu'ils y paſſent la houe quelques jours avant de récolter, afin (diſent-ils) de pouvoir ramaſſer les Cafés que les pluyes & les rats font tomber à terre, qui ſans cette précaution ſeroient autant de perdus. Quelle prudence, & quelle ſage prévoyance de leur part! Ils vous diront bien plus, qu'ils ont des raiſons bien ſolides pour agir de la ſorte (il ne faut les oublier); c'eſt que la terre étant ainſi couverte d'herbes, ils défient les plus hardis grains d'avallaſſes d'en emporter quoique ſe ſoit. Y a-t'il rien à repliquer là-deſſus. Le bon P. Labat avoit ſans doute conſulté un de ces habitans aux herbes, lorſqu'il dit que les Cafés viennent par-tout & qu'ils ne gâtent pas les ſavannes, pour ce dernier article j'en conviens tacitement avec lui ; mais que les ſavannes ne gâtent pas les Cafés, c'eſt de quoi je ne ſuis aucunement d'accord. Seroient-elles auſſi raſes que ſi la faulx ne venoit que d'y paſſer ? Je demande comment on veut que les pieds de Cafés reçoivent ces ſecours ſi ſalutaires que les pluyes leur communiquent, étant entourés d'un gazon ſur lequel les eaux ne font que gliſſer, & qu'une pluye continuelle de huit jours auroit peine à pénétrer de la profondeur de quatre pouces ; quelle ſubſtance en peuvent-ils recevoir ? Au reſte quelle néceſſité d'une pareille démonſtration, la choſe eſt aſſez viſible par elle-même. Je vais donc quitter tous ces verbiages pour rétourner à la culture de nos Cafés.

Cet arbre croît aſſez vite lorſqu'il eſt planté dans une bonne terre, & qu'on a ſoin de le garantir des mauvaiſes herbes, & c'eſt à quoi il faut être exact, dans un climat auſſi chaud que celui-ci, où les herbes croiſſent en abondance par les ſeuls effets de la roſée, même dans les terres vierges.

Description de l'arbre.

L'aspect d'un pied de Café de dix-huit mois ou de deux ans, est quelque chose de charmant ; vous le voyez alors dans toute sa vigueur. Ces feuilles sont d'un verd vif & foncé, fort licés, un peu récourbées & comme dentelées tout-autour, l'arbre en est touffu, & aproche pour la figure à celle du laurier, il croit naturellement fort rond & pousse ses branches réguliérement depuis le bas jusqu'en haut, où elles vont toujours en diminuant jusqu'à l'extrêmité de la tige, ce qui forme une très-belle piramide ; ces branches sortent du tronc deux à deux à l'oposite les unes des autres, les premiéres commencent à sortir à un pied de terre (s'entend lorsque l'arbre est formé), auxquelles succédent les autres de trois en trois pouces, mais qui s'aprochent à mesure que l'arbre viellit, les branches grossissant proportionnellement ; mais sa figure réguliére se perd sitôt qu'il est arrêté, alors les branches d'en haut s'allongent comme celles d'en bas, & se garnissent de scions (qu'en terme du Pays nous apellons pattes d'oyes) qui tous produisent successivement, & qui n'ont dabord qu'un pied de long ; c'eſt-à-dire la premiére année de leur cru, mais qui augmentent tous les ans, d'autant pour remplacer la ſtérilité des premiéres branches ; car il eſt à remarquer que l'arbre ne produit pas deux années de ſuite dans le même endroit, mais qu'il fructifie immédiatement après ceux qu'on vient de cueillir juſqu'à l'extrêmité des branches, & aux nouvelles que le pied a coûtume de multiplier tous les ans, ce qui eſt unique ſur la particularité de ſon rapport.

Les feuilles ſortent de deux en deux par chaque nœud des branches, & c'eſt dans ces nœuds que ſe forment les fruits qui y ſont attachés par un pédicule fort court, ainſi que le raiſin l'eſt ſur la grape ; & quoique les nœuds ſoient fort près les uns des autres, pourtant on y compte ſouvent juſqu'à quinze & vingt fruits, & preſque autant de nœuds à chaque branches, ce qui fait que lorſque l'arbre fleurit, les fleurs ſont ſi près les unes des autres que chaque branche pourroit former une guirlande bien garnie. Il n'eſt rien à mon avis qui rejouiſſe plus agréablement la vûe que de voir cinquante mille pieds de Cafés tous fleuris à la fois, on y voit régner dans un verd très foncé, une blancheur de neige qui éblouit la vûe, & une odeur douce & agréable qui frape l'odorat; il n'eſt point de ſaiſon en Amérique qui rappelle plus celle du printems d'Europe, ni qui l'imite d'avantage que quand ces abriſſeaux ſont en fleur, il ſemble être dans un lieu de délices quand on ſe promene dans ces charmantes allées.

Auſſi fleurit-il dans cette aimable ſaiſon, c'eſt-à-dire, en Mars & Avril, mais les jeunes Cafés de deux ans fleuriſſent quelques fois ſix fois dans une année à meſure qu'ils croiſſent & qu'ils ont le tems favorable, chaque mois les fleurs ſe renouvellent.

Fleur du Café.

La fleur du Café eſt une petite étoile blanche découpée en cinq parties, dont chaque ſéparation eſt garnie d'une étamine de la même couleur, avec une autre dans ſon milieu qui ſe termine en fourchon qui reſte aſſez long-tems collée ſur ſon fruit, la fleur ne dure que deux fois vingt-quatre heures, après quoi elle commence à fâner, & tombe quelques jours après, c'eſt à cette fleur que ſuccéde le fruit.

Figure de son fruit.

La figure de son fruit imite celle de l'Olive avec laquelle il a bien de la ressemblance, jusqu'à ce qu'il ait acquis sa grosseur naturelle ; à mesure qu'il approche de sa maturité, sa couleur verte change en un jaune pâle ; celui-ci à son tour fait place à un beau rouge incarnat qui lui succéde, alors il a la ressemblance d'une cerise oblongue : sa chair est une espéce de pulpe d'un goût merveilleux, assez insipide, dont les qualités astringentes & échauffantes empêchent de faire aucun usage, elle provoque même au flux de sang.

A cette pulpe succédent deux petites féves jumelles, accollées l'une contre l'autre, couvertes d'un fort parchemin qui précéde une pélicule extrêmement fine & adhérente qui la couvre dans son entier. En cela nous découvrons visiblement les admirables secrets de la nature, qui par une sage prévoyance les a garantis contre toutes les attaques de l'air, dont ils avoient nécessairement besoin d'être défendus, puisque il ne leur faudroit que la rosée d'une seule nuit pour faire évaporer toute leur huile qui en fait tout le goût & la qualité.

Ce n'eſt qu'environ un mois ou deux avant la maturité de ſon fruit, qu'on s'apperçoit combien l'arbre eſt ſurchargé, cette belle verdure change de coloris, toutes les feuilles jauniſſent, & ſemblent vouloir nous annoncer ſa langueur ; il paroît comme accablé ſous ſon propre faix, & nous avertir qu'il a beſoin d'être déchargé, c'eſt en effet ce qu'il ne faut pas négliger ſitôt que ſon fruit rougit, & être ſoigneux à émonder les branches gourmandes qui repouſſent vivement après qu'on a arrêté ou étêté le pied, il lui ſort une quantité de bourgeons dont-il faut le délivrer ; à chaque fois qu'on ſarcle on ne manque pas de l'en décharger, en ne lui laiſſant ſimplement que ſa maîtreſſe tige, par ce moyen le pied devient vigoureux & ſe ſoutient infiniment davantage.

A meſure qu'on le délivre de ſon fruit, on le voit renaître & réprendre une nouvelle vigueur ; c'eſt principalement en ce tems là qu'il a beſoin que les roſées de pluyes le ſecourent ſouvent ; car le Café demande beaucoup d'humidité, & un terrein qui ſoit toujours frais, (*a*) c'eſt

(*a*) Si le Café manque de pluye les deux derniers mois qui précédent la récolte, il eſt fort ſujet à être faux, & l'arbre eſt en grand dance qui fait qu'il ne réussit pas dans la plaine où les pluyes sont extrêmement rares, & qu'il n'y a que les mornes qui lui sont propres, sur-tout les terreins nouvellement défrichés où les pluyes regnent abondamment; mais ces mêmes pluyes qui lui sont si salutaires, ont deux effets bien contraires & diamétralement opposés l'un à l'autre, puisque en leur procurant le secours dont les mornes ont nécessairement besoin, elles deviennent destructives en même tems de ces terres qu'elles fécondent, en les entrainant peu-à-peu par leur propre chûte, & je crois que dans trente ans d'ici, notre postérité aura bien de la peine à trouver de la terre à cultiver, car les mornes seront alors furieusement dégraisses. Au reste pourquoi s'inquiéter d'un avenir qui nous paroît fort éloigné, la providence qui a soin des moindres insectes oubliera-t-elle son chef-d'œuvre?

---

ger de périr, la grande quantité de fruits absorbe une grande partie de la substance des pieds, & la séve n'étant distribuée que très médiocrement fait avorter ou échauder les fruits, ainsi qu'il arriva dans l'année 1753 que j'écrivis ces mémoires; ou il y eut cinquante pour cent de perte.

Le Café ne mûrit jamais ensemble.

Son fruit ne mûrit jamais tout-à-la-fois, & c'est en quoi nous sommes heureux, car sans cela nous perdrions une bonne partie de nos revenus, puisque nous occupons le quart de l'année à récolter. Ce défaut (si on peut lui donner ce nom) provient de ce que l'arbre fleurit en différentes fois, & que les fruits étant extrêmement serrés les uns contre les autres, il y en a un quart qui presse tellement le reste, qu'ils sont forcés d'attendre que ceux-ci soient cueillis pour que ceux qui sont gênés jouissent de la même liberté ; c'est ce qui fait que nous faisons cinq à six, récoltes qui toutes ensemble n'en font qu'une seule, parcequ'elles se suivent immédiatement les unes après les autres sans aucune alternative, même sans qu'il soit possible d'éviter une perte assez considérable, quelque diligence qu'on fasse ; car cinq ou six jours après il ne paroît seulement pas qu'on y ait touché, & le même pied de Café dont on venoit d'ôter un panier de son fruit, en offre encore autant.

En quelle ſaiſon on cueille le Café.

On connoit la maturité de ſon fruit, lorſque ſon rouge commence à brunir ; c'eſt ordinairement à la fin de Septembre, dans le tems des vendanges que nous vendangeons auſſi, & continuons ſans relâche juſqu'à la fin de l'année ; mais lorſque l'arbre eſt à ſon premier & ſecond rapport, dès le mois de Juillet on peut commencer ; alors il y a un intervale de quelques ſemaines que l'on emploie à bien nettoyer la place, car lorſqu'on eſt dans le fort de la récolte, on ne ſauroit ſe détourner d'un moment ſans perte. Les Négres qui y ſont occupés ſe muniſſent chacun d'un panier à peu près comme nos vendangeuſes, dans lequel ils font tomber le Café à meſure qu'ils le cueillent ; ſitôt que ce panier eſt rempli on le vuide dans un autre plus grand, dont chaque Négre eſt également pourvû & qui peut contenir ſa charge ; ceux-ci ſervent à porter le Café au Moulin. On fait obſerver aux Négres de n'arracher que le fruit ſeulement, & de laiſſer la queue adhérente à la branche pour ne point entamer ſon écorce, ce qui porte préjudice à l'arbre,

Trois espèces de Cafés inférieurs.

Il y a de trois espèces de Cafés inférieurs qu'il faut éviter de mêler ensemble, sans cela on consomme un tems infini pour trier le bon du mauvais. Il y a premiérement celui qui est échaudé ou prématuré par défaut de pluye, & qui sécheroit plutôt sur l'arbre que de rougir, qu'on est obligé de cueillir quand il commence à jaunir & à se tâcher, il est fort sujet à blanchir, parce qu'il est privé de son suc huileux, il convient donc de ne pas le mêler avec le bon. Il y a encore une autre espèce d'échaudé pire que les premiers, qui séche à l'arbre avant qu'il soit parvenu à la moitié de sa maturité par une production excessive que l'arbre n'a pû nourrir, & qui le met souvent en danger de périr, c'est ce qui arrive ordinairement aux pieds des Cafés qu'on laisse croître à leur liberté, les branches étant remplies de mouelle n'ont pas la force de soutenir le poids de leurs fruits, ni la séve celle de fournir à leurs besoins : nous appellons celui-ci crocros ; (*a*)

(*a*) Les crocros ainsi nommés par la ressemblance qu'ils ont avec les graines des palmites qui enfin, il en eſt un troiſiéme que nous nommons les écumes, celui-là ne ſe découvre que lorſqu'on lave le Café après qu'il a paſſé au moulin, ce ſont autant de Cafés faux qui ſurnagent ſur l'eau que nous avons ſoin d'écumer, & c'eſt de-là qu'en vient ce nom. Comme tous ces Cafés ſont ſujets à être inférieurs on les fait ſécher ſéparement, ſauf à faire trier par la ſuite (& lorſqu'on n'a rien de mieux à faire), celui qui peut s'y trouver de bon; mais comme dit le proverbe, le jeu n'en vaut pas la chandéle.

Arrangement de la Caſe à moulin.

Après que les paniers ſont remplis, chaque Négre emporte le ſien, & le vuide dans des eſpèces de ſéparations en forme de cofre qu'on pratique aux côtés de la caſe, qui peuvent contenir autant de Café & même beaucoup au-delà de ce que les Négres en peuvent cueillir dans la journée. A la nuit fermante après avoir fait faire la priére, on diſpoſe le nombre de

---

portent ce nom, ſitôt que je m'apperçois qu'ils y en a quelques branches d'attaquées, je les fais râper auſſi-tôt, pour prévenir leur dépériſſement, car ils font ſécher les branches.

Négres néceſſaires pour le paſſer au moulin ; ſept Négres ſuffiſent, & tous les ſoirs ils doivent être rélevés par le même nombre, pendant que les autres ſont à leur caſe pour aprêter le manger de ceux-ci, de façon que lorſque l'ouvrage eſt fini, ils trouvent leur repas tout prêt ; c'eſt ordinairement les femmes qui ont ce ſoin, de cette maniére perſonne ne ſauroit ſe plaindre & le travail va rondement, en moins d'une heure & demie toute la cueillette de la journée eſt paſſée au moulin, & voici en quoi conſiſte cet ouvrage qui eſt le plus rude de toute la Manufacture.

Comment on paſſe le Café au moulin.

Il y a deux Négres deſtinés à tourner le moulin du côté du grand rouleau, & un autre au petit, le premier de ces moulins, comme le plus rude, a deux manivelles, & le petit n'en a qu'une ſeule : il y a un quatriéme Négre poſé au haut de la trémue pour donner à manger au moulin, & pouſſe le Café à meſure que le moulin l'engloutit, il y en a au ſurplus un cinquiéme devant le moulin qui reçoit les ceriſes qui tombent à terre, & qu'il a ſoin d'écarter avec un petit rabot, parce qu'il faut qu'elles repaſſent une ſeconde fois pour les purger des reſtes de Cafés qui ont échapés aux rouleaux; les deux autres Négres ſont employés, l'un à vuider le Café dans la trémue, pendant que l'autre remplit le panier de celui qui l'y porte; ceux-ci rélevent de tems en tems ceux du grand rouleau qui réprennent alternativement la place de ceux qu'on vient d'y mettre, par ce moyen, ils ſe ſoulagent tour-à-tour.

Le Café eſt naturellement enveloppé d'un ſuc extrêmement gluant, de façon que pour peu qu'on le preſſe, il quitte ſa ceriſe avec précipitation; c'eſt là l'effet que produiſent les rouleaux, après quoi les ceriſes & le Café tombent pêle-mêle ſur l'hébichet, qui eſt une eſpèce de crible dont les mailles ſont de fil de Laiton à la façon de nos volières, proportionnées à la groſſeur du Café, qui réglé par le mouvement de ce même hébichet & par ſa propre glu, ſe précipite à travers les mailles, pendant que ce même mouvement ſecondé par une pente douce qu'on donne à l'hébichet, chaſſe devant lui les ceriſes, qui étant trop groſſes pour pouvoir paſſer au travers des mailles, tombent ſucceſſivement ſur le petit

petit rouleau, & ces cerises passées par l'un & l'autre tombent au pied du moulin par le mouvement du petit hébichet, dont le petit rouleau est également pourvû.

Remarques qu'il faut observer.

Après quelques tours du moulin, il convient de visiter le Café, s'il est sur son point; étant trop serré, le Café s'écrase, on s'en apperçoit aussi-tôt par son parchemin qui se leve par écaille, c'est une marque certaine que le rouleau approche de trop près les gencives de la piéce mobile; en ce cas on arrête un moment pour lui donner de l'ouverture, par le moyen des coins de bois qui sont aux extrêmités de la piéce mobile, & qui servent à resserrer ou à lâcher le moulin selon que le cas l'exige, & c'est à quoi il faut être exact à chaque fois qu'on met au moulin, parce que le Café n'est pas toujours d'égale grosseur.

Quand on a trouvé le point fixe, on continue le travail jusqu'à ce que le coffre du moulin soit rempli, pour lors on l'arrête pour le vuider dans des bassins, canots ou barriques qu'on a pour cet usage, on continue ainsi jusqu'à la fin, après quoi l'on passe les mêmes cerises une seconde fois pour achever de les purger du reste de Café qui y étoit demeuré, alors on ouvre une petite porte pratiquée vis-à-vis le moulin par où les cerises passent à mesure qu'elles tombent, & que les Négres poussent à quatre pas de là, pour n'en être pas incommodés.

On laisse ainsi le Café dans le bassin toute la nuit, au moyen de quoi il se détache plus facilement de sa gomme, ce qui donne une grande facilité pour le laver ; cet ouvrage se fait au clair de la Lune ou à la lumiére d'un flambeau une heure avant le jour. On a soin de bâtir la case à moulin près de quelque ravine pour éviter la multiplicité des travaux, on se sert d'un bassin de maçonnerie quant on en a le moyen, dans lequel on remue un rabot pour en détacher la glu ; d'autres font usage d'une espèce d'auge ou canot ; & ceux qui n'ont ni l'un ni l'autre se servent de grands paniers qui font le même effet, avec cette incommodité qu'il en faut changer souvent.

Moyens pour garantir les Négres de plusieurs maladies.

Comme nous sommes tous intéressés à la conservation de nos Négres, & à ce qu'ils jouissent d'une santé vigoureuse autant qu'ils est en notre pouvoir, il faut être ingénieux à les garantir des injures de l'air ; les saisons de la récolte sont très-pluvieuses & fort abondantes en rosées, il s'ensuit de-là que chaque pied de Café en est tout imbu jusqu'à huit ou neuf heures. Or, il est bien constant que les Négres qui commencent l'ouvrage dès cinq heures du matin, seroient tous les jours mouillés comme des Canards, ce qui ne sauroit manquer d'engendrer diverses maladies fâcheuses, & dont les suites pourroient être très-sérieuses. Pour remédier à ces sortes d'inconvéniens, nous avons soin de les pourvoir tous (tant Négres que Négresses) de bonnes casaques d'un gros Drap, faites en façon de bavaroises qui se doublent sur l'estomach, & sur lesquelles l'eau ne fait que couler sans pouvoir les pénétrer, ce qui est un spécifique contre les rhumes, fluxions & froidures auxquels les Négres sont fort sujets sans cette précaution. Il en est de même des travaux rudes du moulin, où on les voit tous couverts de sueur & si échauffés, qu'en sortant de-là, ils ne se feront aucun scrupule de boire de l'eau au premier endroit qu'il rencontreront ; il n'en faut pas davantage pour leur causer sur le champ une fluxion de poitrine. Pour prévenir cet accident, donnez-leur un bon coup d'eau-de-vie du Pays dont-ils ſont extrêment friands, avec cela ils s'en vont contens, & pour tout au monde ils ne voudroient point boire d'eau après, de crainte d'ôter le chatouillement de cette liqueur qui les flatte, & qui en pareil cas leur eſt très-ſouveraine.

Quand nous ſommes dans la récolte, nous avons beſoin de tout notre monde, il n'y en a jamais trop, un Négre de moins pendant quinze jours ſenlement, fait un objet de douze barils de Café, en ceriſes cela s'entend, qui peuvent produire environ deux cens livres de Café net de moins par l'abſence d'un ſeul Négre; que ſera-ce lorſqu'il y en manquera pluſieurs. Le Café n'attend pas notre commodité pour mûrir, il va toujours ſon train, les pluyes le font tomber, les courans l'entraînent, autant de perdu. Il faut donc profiter de ces momens précieux; ainſi, négliger les Négres en pareil cas, ou les détourner mal-à-propos, cela ne feroit pas le compte de l'habitant & ce ſeroit très-mal travailler; bien loin de les détourner, il convient de rétrancher la moitié des Domeſtiques; une fois que le Café eſt en Magaſin, il eſt en ſureté, tant qu'il eſt à l'arbre, il eſt toujours en riſque, auſſi tout habitant ſage & aviſé qui entend ſes intérêts, évite autant qu'il peut, tout ce qui s'oppoſe à l'avancement de ſa récolte,

Deſcription des Glacis.

Les Glacis ſont faits de maçonnerie, élevés de terre d'environ ſix pouces, avec des bords à l'entour, d'autant de haut, dans leſquels on pratique des ſoupiraux de diſtance en diſtance, pour donner lieu aux eaux de s'écouler ; leur grandeur n'eſt pas limitée, mais proportionnée à la quantité de Café que l'habitant doit cueillir ; ainſi il y en a de différente grandeur, les uns de cent pied carrés, les autres de moins ; après l'avoir bien caillouté dans ſon fonds, on y paſſe un bon enduit deſſus, de façon qu'il paroîtroit tout d'une piéce ſans les ſéparations qu'on eſt obligé d'y faire, afin de prévenir les accidens qu'une pluye trop abondante pourroit cauſer, en entraînant dans un moment tout le Café qu'on y auroit mis, les couraus de l'eau ſont bornés par le moyen de tous ces compartimens qui en arrêtent la rapidité, les eaux ayant le tems de s'écouler par les ſoupiraux de chaque reduit à meſure qu'il les reçoit, ſans avoir le tems de former aucun courant; & pour en faciliter l'évacuation, on donne à ce glacis une petite pente douce qui conduit les eaux vers les ſoupiraux ſans aucune violence.

C'eſt ſur ces glacis qu'on expoſe le Café pour y être ſeché, on a ſoin de le mouvoir ſouvent pour en preſſer l'avancement; trois ou quatre journées de bon Soleil ſuffiſent ſi on a ſoin de le mettre à l'abri tous les ſoirs & d'éviter qu'il ne mouille, alors on le ſerre à demeure dans le magaſin, d'où on ne le ſort que quand on le veut piler; c'eſt ce que nous appellons Café ſeché en parchemin.

Il y a une autre façon de le faire ſecher qui paroît bien plus expéditive, mais qui eſt ſujette à bien des inconveniens que je remarquerai à meſure que les occaſions s'en préſenteront, c'eſt de le faire ſecher dans ſa ceriſe; quoi que je ne ſois pas partiſan de ceux qui ſuivent cette méthode, je ne la condamnerai pas dans les autres, chacun a ſes raiſons pour en uſer comme il l'entend, & d'uſer de la liberté de travailler à ſa guiſe, c'eſt ſouvent une néceſſité; je ne décide de rien; je dis mon ſentiment ſans prétendre qu'on le ſuive; je ne ſuis pas plus Philoſophe qu'un autre, mais puiſque chaque Cafetier ſe plait à philoſopher, entrons en lice & ſuivons le torrent, donnons notre voix, puiſque la pluralité l'emporte, il me ſera bien permis de donner la mienne, bonne ou mauvaiſe, qu'importe, toujours ſuis-je bien sûr de ne rien gâter : Qu'eſt-ce que je riſque ?

Cette façon de le faire ſecher eſt bien plus commode ; & ceux qui la croyent plus expéditive ſe trompent lourdement ; il eſt vrai qu'on n'a beſoin ni de moulin ni de mouliniers ; ſitôt qu'il eſt cueilli, on le jette ſur le glacis où il reſte juſqu'à ce qu'il ſoit entierement ſec, nuit & jour, ſans s'inquieter même de la pluie ; on peut bien juger que de cette maniere il eſt fort long à ſecher & fort ſujet à s'avarier ; être ſans ceſſe exposé aux injures du tems, il faut néceſſairement que parmi le grand nombre, il y en aye qui ſechent en langueur parcequ'ils ſe trouvent couverts des autres, quelque précaution qu'on prenne de les mouvoir ; & s'ils ne ſont pas mouillés le jour ils ne ſauroient manquer de l'être la nuit ; à force même de les remuer, pluſieurs ſe dépouillent de leur ceriſes, ceux-ci ne ſauroient manquer de blanchir, d'autres de noircir, autant d'inférieurs qui augmentent le triage, diminuent le revenu & occupent un tems infini qu'on employeroit bien plus utilement à d'autres travaux dont une habitation n'eſt jamais en défaut.

Il faut encore obſerver que ce Café a beſoin d'être ſeché au double de l'autre, parceque la ceriſe conſerve toujours un certain ſel qui le rend moite pour peu qu'il contracte d'humidité, & dont il eſt bien difficile de le garantir dans un pays comme nos mornes, où le nître eſt très-abondant & les brouillards fort fréquents; ſi on manque à ce point, on court grand riſque que le Café ne s'échauffe & ne tombe en pourriture; pour prévenir cet accident, il convient de le ſonder ſouvent, & ſi on s'apperçoit de la moindre chaleur, il ne faut pas balancer de le mettre au Soleil: Dans quelle peine ne ſe trouve-t-on pas en pareil cas ſi le glacis eſt couvert de Café verd? il faut néceſſairement que l'un faſſe place à l'autre; voilà à quoi on eſt quelques fois exposé quand on le fait ſecher en ceriſe; au lieu que celui qui ſeche dans ſon parchemin étant lavé, ſe conſerve des années entiéres dans ſon même état, parceque l'eau le purge de ſon ſuc glutineux, & il n'eſt aucunement ſujet à changer, ſi on a ſoin de le garantir de toute humidité, car il eſt extrêmement ſuſceptible d'impreſſion.

Quant à l'avantage que pluſieurs ſe figurent d'avoir en le faiſant ſecher en ceriſe, ſous pretexte qu'il n'y a qu'à le cueillir & le planter là, je les prie de faire attention au tems qu'on employe à le piler, à celui qu'on perd à le nettoyer & à le trier; je ſuis certain qu'ils feront d'accord avec moi, que bien loin d'être une avance, c'eſt extrêmement prolonger l'ouvrage, car j'aurai auſſi-tôt expédié trois cabrouettes de Cafés ſechés en parchemin, qu'une ſeule en ceriſe.

En quel tems on pile le Café.

Comme ordinairement dans la récolte nous ſommes trop occupés, on attend qu'elle ſoit finie pour piler le Café. Les travaux ſe ſuivent ſucceſſivement; le détournement de l'un, nuit néceſſairement à l'autre, il faut ſavoir partager ſon tems, chaque jour doit être employé à propos, par cette ſage conduite, tout eſt en ordre, ce qui fait que bien des habitans font plus d'ouvrage avec peu de monde, que d'autres avec beaucoup, parceque ces derniers entreprennent trop à la fois ; il convient de ſuivre pié à pié ; ſur ce principe, on ne doit piler le Café que lorſque le tout eſt ſerré, à moins que ce ne ſoit par néceſſité, (celle-ci n'a point de loi) ou que nous trouvions quelqu'intervalle dans la cueillette ; en ce cas il fait bon en profiter, car les premiers Cafés ſont ſouvent les plus beaux, (au moins en apparence) parce qu'ils n'ont pas eu le tems de s'avarier, mais il ne faut rien omettre pour le faire bien ſécher, & rédoubler ce ſoin lorſqu'on veut le piler, car le Café nouveau eſt fort ſujet à changer, n'ayant pas eu le tems de s'affermir ; il eſt alors d'un verd de corne charmant, tranſparant & tout-à-fait propre à tromper le plus habile connoiſſeur ; auſſi quelque ſec qu'il paroiſſe être, je conſeille à ceux qui en feront acquiſition de l'expoſer quelques jours au Soleil avant de l'embarquer, par ce moyen ils pourront lui conſerver ſa qualité.

Comment on pile le Café.

Avant de piler le Café, il convient de l'expoſer au Soleil pendant deux jours conſécutifs, & ne commencer que le troisiéme, encore faut-il attendre que le Soleil l'ait chauffé, c'est ce qu'il faut observer, car le plus beau Café blanchira sous le pilon s'il n'a pas le dégré de séche-resse qui lui convient, il s'applattira même; en un mot, le Café ne sauroit être trop sec, & plus il l'est, plus on a de facilité à le piler.

Chaque Habitant le pile différemment suivant ses facultés, l'un par le moyen d'un moulin, l'autre dans un canot, un troisiéme dans des piles de bois; je ne déciderai pas lequel des trois l'emporte, parceque je déplairois infailliblement aux deux autres, & je ne crois pas devoir me brouiller avec personne pour un sujet de si peu d'importance, il est assez indifférent de quelle maniére on le pile pourvû qu'il le soit, mais je trouve que la derniére méthode est la plus avantageuse, & je la suis par préférence; en effet, les coups de pilon sont bien plus sûrs & plus réglés, le Café en est moins sujet à être écrasé, il en échape bien moins au pilon, & il se trouve qu'on avance d'avantage, cela s'entend du Café séché en parchemin; pour celui qui l'est en cerise, je pense que le canot & le moulin lui conviennent mieux, parce qu'étant plus dur à piler, il faut que les coups de pilons portent avec plus de force.

Sitôt que le Soleil commence à échauffer, les Négres ſe mettent à l'ouvrage, ils ſont deux à deux à chaque pile ; chacun ayant un pilon à la main frappe à coups meſurés, & alternativement l'un après l'autre, c'eſt ainſi qu'on délivre le Café de ſon parchemin & de ſa pellicule qui ſe détache ſans beaucoup de peine, puiſque, quinze Négres en peuvent piler deux milliers par jour, cette facilité à le piler prouve bien que la dépenſe d'un moulin eſt aſſez ſuperflue, cependant ceux qui s'en ſervent peuvent occuper leurs Négres ailleurs, avantage à mon avis aſſez peu conſidérable ; l'oſtentation y a plus de part que l'économie, & cela ne merite pas aſſurement la dépenſe qu'il en coute, mais quand on eſt riche on veut une Manufacture complette. Ont-ils tort d'en uſer ainſi puiſqu'ils en ont les moyens ? Et les ouvriers qui font cet ouvrage trouveroient-ils leur compte, ſi les ſentimens n'étoient pas partagés ? Il faut bien que tout le monde vive.

Comment le Café ſe vanne.

Pendant que les uns pilent, les autres s'occupent à vanner, il y a encore un troisiéme moulin qui en fait les fonctions, & qui est très-utile surtout lorsqu'on manque de vent, ce qui n'est pourtant pas commun, mais il arrive quelques fois qu'il est trop foible, alors le moulin est d'un grand secours & nettoye le Café infiniment mieux que le vent ordinaire, car outre qu'il en ôte entierement la poussiere & le parchemin pulvérisé, il le purge encore des petits graviers auxquels il est fort sujet, & jettant à part le Café qui avoit échappé aux pilons ainsi que celui que les pilons écrasent : on a même trouvé le secret aujourd'hui, de réunir ces trois moulins en un seul, qu'on employe à ces trois différens travaux par le moyen d'un cheval ou d'un mulet ; tant il est vrai qu'on perfectionne cette Manufacture tous les jours.

Après que le Café est vanné & trié de ce qu'il y avoit de défectueux, on l'expose de nouveau au Soleil jusques vers le midi, que le Soleil le darde le plus de ses rayons, on le transvase tout brûlant comme il est dans des futailles qu'on a soin de bien couvrir ; cette précaution lui est nécessaire ; elle en affermit son grain, en bouche les pores, le rend moins susceptible des impressions de l'air, & lui rend sa premiére couleur que le Soleil avoit terni, on le laiſſe cinq à ſix jours dans cet état, enſuite on lui donne encore une journée de Soleil pour lui donner la derniere main.

Après tant de préparations, & avoir mis tout en uſage pour le perfectionner, on ſe tromperoit ſi on s'imaginoit qu'il eſt à l'abri de toute impreſſion, il conſerve toujours un certain ſel, qui, à la moindre humidité le dilate & le rend flexible, après quoi venant d'abord à le ternir, le blanchit enſuite totalement. En contractant cette humidité, toute ſon huile s'évapore ; il convient donc de lui choiſir l'endroit le plus ſec : cette délicateſſe eſt cauſe que les Habitans ne le font piler qu'à ſur & à meſure qu'ils veulent le débiter, & pas plus à la fois qu'ils n'en peuvent charroyer, pour n'en pas courir les riſques : on obſerve auſſi de ne le pas piler dans un tems humide.

Produit du Café.

Nous calculons la production de nos revenus ſur le nombre des piés de Café, que nous eſtimons pouvoir rapporter chacun une livre de Café, il y en a qui produiſent beaucoup au-delà, d'autres infiniment moins ; mais pour faire un juſte équivalent, on ne sauroit sans s'écarter l'estimer d'avantage, bien entendu qu'il ne faut pas mettre en ligne de compte ceux qui passent leur quatriéme rapport, & lorsqu'avec cent têtes de Négres on fait cent milliers de Cafés, la place bien entretenue, l'Habitant n'a pas à se plaindre; mais avant qu'il ait acquis pareil nombre de Négres & les animaux nécessaires pour l'exploitation de son habitation, il peut compter d'être sur le retour de l'âge, s'il n'a pas eu des avances raisonnables pour commencer, aussi, n'est-ce qu'alors qu'il commence à jouir. Combien de Négres nouvellement arrivés au Pays, périssent sans avoir rendu aucun service à leur Maître, & qui quelques-fois sortant du Vaisseau où on les achete, tombent roides morts en mettant pied à terre! Que de rudes pertes ne fait-on pas lorsque quelques maladies épidemiques tombent dans un Attellier! La petite verole y fait de tems en tems de grands ravages, les rhumes, les fluxions de poitrine, les pians & autres maux vénériens, ne sont que trop communs dans une vie aussi libertine que la leur; il n'est guére de jours dans l'année où parmi un grand Attellier il n'y ait huit à dix Négres à l'Hôpital, (*a*) & lorſque les rhumes ſont fréquens on n'en ſauroit fixer le nombre.

On ne ſauroit cependant diſconvenir que nos revenus ne ſoient aſſez conſidérables lorſque nous ſommes parvenus à un certain point, mais ſi nous allons de la perte au gain, il en faudra bien rabattre; il eſt des revers que toute la prudence humaine ne ſauroit éviter, & il eſt bien beſoin que nos revenus ſoient grands pour pouvoir les reparer; je vais en citer un exemple arrivé tout récemment à un Habitant du Dondon, qu'il n'eſt pas néceſſaire de nommer : il commença d'établir une place à Café avec le nombre de ſeize Négres; au bout de dix-huit mois qu'il ſe voyoit un joli nombre de Cafés rapportans, il ſe trouva reduit avec un ſeul Négre, les quinze autres étant morts dans un ſi court eſpace de tems, s'il eût eu celui d'y faire du revenu, il auroit eu de la reſſource; mais n'en ayant pas fait, il lui fallut prendre ſon parti galamment; c'étoit de vendre ſa place en état de faire

(*a*) Chaque Habitant a, ou doit avoir un Hôpital particulier chez lui pour loger ſes malades.

du revenu, & aller en établir une autre dans des endroit fort écartés, & c'eſt ce qu'il fit ; je me contente de ce ſeul exemple, on doit bien penſer que ce n'eſt pas l'unique ; les Makandaliſtes l'ont bien fait voir par la ſuite & ont déſillés les yeux de nos incrédules. Je paſſe ſous ſilence les révolutions fréquentes & les incendies qui ne ſont que trop communes dans un Pays où la plûpart des maiſons ne ſont ordinairement que de bois, & la plûpart couvertes de paille de cannes, ce qui nous met ſouvent en arrière de plus de trois années de nos revenus.

Voilà, Meſſieurs, une idée générale de ces deux Manufactures ; s'il m'eſt échapé d'en oublier quelques circonſtances, elles ſont de ſi peu de conſéquence qu'elles ne valent pas la peine d'y faire attention ; il eſt vrai que les expériences réitérées pourront nous procurer quelques nouvelles découvertes, & s'il en vient quelques unes à ma connoiſſance, je me ferai un vrai plaiſir d'en faire part au public, pour peu qu'elles ſoient intéreſſantes : la grace qu'on m'a fait de recevoir favorablement mon premier eſſai ſur la Manufacture de l'Indigo, m'a donné de l'émulation pour entreprendre celle du Café, je ne doute pas que ma qualité d'Habitant n'y ait beaucoup de part, & qu'on n'auroit pas eu la même indulgence pour un Auteur ſciencé ; s'il m'eſt échapé quelques fautes elles ſont au moins tolérables à un homme ſans étude ; & ſi la ſimplicité de mon ſtile en diminue un peu le prix, on en ſera amplement dédommagé par le vrai qui y régne partout : je n'écris rien ſur le rapport d'autrui, un ſéjour de trente-huit ans ſur les lieux, m'a acquis une expérience qu'on ne ſauroit raiſonnablement révoquer en doute.

Fin de la culture du Café.

CONCLUSION
DE L'OUVRAGE
Par forme de supplement.

JE ne me flatte pas d'être également approuvé de tout le monde au sujet de ce que j'entreprens d'ajouter à ces Mémoires, parceque je ne plairai pas à bien des personnes qui travaillent différemment des principes que je voudrois poser ; je ne prétens pas non plus de passer pour un modéle à suivre en tout, puisque on a pû observer les limites étroites de mon génie, je n'ai donc garde d'avoir assez de présomption pour me croire infaillible dans mes propositions ; & si mes sentimens paroissent un peu trop décisifs, c'est plutôt un effet de mon zéle que de mon amour propre : au reste, si j'hazarde quelque chose, je ne fais rien pour moi, tout le profit sera pour ceux qui auront assez de discernement pour en prendre le bon ; quant à l'inutile, il n'y a qu'à le rejetter, & poser pour principe que dans ce dernier cas je n'ai rien dit ; sans s'en prendre à m[a] trop grande démangeaison d'écrire ; peut-être l'ai-je poussée trop loin, & que pa[r] un zele indiscret je me suis rendu en-nuieux ; mais quand cela seroit, je m'e[n] consolerai facilement, s'il y a quelque pro-fit pour ceux qui s'y ennuieront, & c'e[st] là tout ce que je demande ; peut-être en-core trouvera t'on mon stile dur & ma[l] en ordre. En ce cas je prie le Lecteu[r] impartial de se ressouvenir que je lui a[i] promis d'écrire, mais que je n'ai pas pro-mis de mieux dire.

J'ai à établir dans cette Conclusion des maximes qui concernent la conserva-tion des Négres, qui est un profit tout clair pour l'Habitant; & quoi que la pein-ture que je viens de faire de leur mau-vais génie, ne soit pas trop flatteuse, nous ne laissons pas que d'être très-inté-ressés à les ménager, comme il paroît par le calcul que je viens d'en faire. Je vou-drois donc proposer à l'Econome (j'en reviens toujours à mon point principal) d'avoir un soin tout particulier de ne ja-mais manquer de vivres. Mal-à-propos m'objectera-t-il la nécessité du tems favo-rable pour en planter, il ne faut qu'avoir de bonnes piéces de manioc, une belle bananerie, des piéces d'ignames qui en produisent pour toute une année ; il n'y a pas de sécheresse assez grande pour empêcher ces sortes de vivres de produire bien ou mal. Les Ignames qu'on plante en Mai, Juin & Juillet, ne sauroient manquer de recevoir quelques grains d'orage ; quant aux deux autres espèces de vivres, pour peu qu'ils en reçoivent, on est assuré de leur production ; voilà un principe établi qui ne souffre point de replique, & dont l'application nous met en état de nourrir nos Négres grassement, lesquels étant forts & robustes par ce moyen, nous autorisent & nous mettent en droit d'en exiger les services qu'ils nous doivent par leur état ; mais, services dont nous sommes fort ingénieux à grossir les objets par un calcul mal dirigé. L'Econome (& après lui tous les Habitans en général), commencent premiérement à faire un dénombrement exact de tout l'Attellier, & par un erreur que nous est commune à tous, fixe un revenu proportionné à la quantité des Négres ; il croit en conséquence pouvoir hardiment embrasser nombre de travaux qui vraisemblablement pourroient se faire avec la quantité de Négres sur laquelle il compte ; mais combien est-il éloigné de son calcul, quand il en faut supprimer ceux qu'on ne sauroit ſe diſpenſer d'employer à des travaux dont en apparence on ne fait aucun cas, & qui ne laiſſent pas que d'être un objet lorſqu'on veut entrer dans ce détail. Les jours de leſcive il y a trois ou quatre Négreſſes détournées ; c'eſt ce qui arrive toutes les ſemaines, dont deux jours ſont employés uniquement à cet ouvrage. Allons plus loin, nous trouverons des Négres employés à fouiller du Manioc ; autre ouvrage, autre détournement ; ici il faut envoyer des Négres aux travaux publics, ouvrage qui va à l'infini (ceux-là ne doivent jamais être malades ou bien être remplacés par d'autres) ; dans un tems où à point nommé il en tombera deux ou trois malades, & qu'il faudra en employer autant à quelques travaux particuliers dont le détail ſeroit trop long & trop ennuieux, cependant voilà les travaux qui languiſſent, & il y a tant de terrein d'occupé qu'il faut néceſſairement entretenir, ou s'attendre à une réprimande fort dure de la part de l'Habitant, ſur le mauvais ordre de ſa place ; il traitera d'ignorant ſon Econome en lui réprochant ſa mauvaiſe manœuvre ; tout ſon crime conſiſte en ce qu'il avoit mal calculé ; il avoit compté ſur cinquante Négres, & ne devoit faire fond tout au plus que sur quarante (car il y en a toujours de caducs, soit par l'âge, soit par infirmité), il se trouve d'ailleurs nombre de Négresses nourrices, qui perdent le quart de la journée ; ainsi, diminuez pour tout cela le dixiéme de votre Attellier, vous n'ôterez rien de trop ; il faut donc que l'Econome apprenne à compter juste, s'il veut être applaudi dans sa gestion.

Comment on doit gouverner les Négres nouveaux.

Voici un point qui demande beaucoup d'attention. Il s'agit ici de ménager les Négres nouvellement arrivés au Pays, bien plus capricieux que ceux qui y sont faits, & qui demandent à être disciplinés d'une façon toute différente, avec plus de modération ; en un mot, avec une grande circonspection. Il convient premiérement de leur donner quelques jours de repos pour les rétablir des fatigues de leur voyage, & surtout pourvoir d'avance à la quantité de vivres de toute espéce dont on doit être muni, & qui doivent être amplement proportionnés au nombre de Négres dont on doit faire acquisition ; je dis amplement, parce qu'il faut compter ſur autant de gloutons inſatiables, & bien ſe garder de les nourrir de viande dans les commencemens, de crainte qu'ils ne ſe dégoûtent des vivres ; ce point eſt d'une grande importance, car à ce dégoût, ſuccédent ordinairement les maladies qui ont ſouvent des ſuites très-fâcheuſes.

Je viens de poſer pour principe qu'il eſt néceſſaire d'avoir des vivres de toute eſpéce. En effet, ces Négres nouveaux ſont bientôt dégoûtés des mêmes mets, & s'ils ne voyent pas de changement, il leur prend une humeur ſombre & mélancolique, & de-là le murmure qui donne lieu au marronage, (*a*) quelques fois même ils ſe portent à manger de la terre, & ſouvent des couleuvres & autres inſectes, qui les plongent dans des maladies incurables,

(*a*) Marronage ſignifie un Négre fugitif qui ſe ſauve de la maiſon de ſon Maître, & ſe retire ordinairement dans les bois ou piéces de cannes, où ces gens là ne vivent que de rapine. Il y en a qui ſont ſi enclins à cela, que tous les ſupplices ne ſauroient les retenir ; il faut néceſſairement les enchaîner avec une chaîne de fer dont le poids les accable ; cette façon de les châtier a ſouvent fait de fort bon ſujets, de très-mauvais qu'ils étoient auparavant.

rables, & qui ne ſe terminent ordinairement que par la mort.

Il eſt néceſſaire pendant les premiers jours de repos, de leur ordonner les bains fréquens, tant pour les tenir propres que pour les délaſſer ; on doit auſſi chercher les moyens de les égayer par des maniéres affables qui leur faſſent oublier le joug de l'eſclavage qu'ils vont embraſſer, & qu'on doit leur faire enviſager comme préferable à l'état libre, mais ordinairement malheureux d'où ils ſortent ; le ſuccès en eſt facile, bornés comme ils ſont, peu de choſe les charme : une pipe, du tabac, un habillement neuf, qui conſiſte en une chemiſe & un calçon de groſſe toile, les rendent les plus fortunés des hommes ; l'ambition étant bannie de leurs eſprits, ils ne penſent qu'aux beſoins de la vie animale ; il ne faut donc pas s'étonner s'ils ſe croyent heureux à ſi peu de frais. Le travail leur eſt meſuré, & on doit éviter dans ces commencemens d'apprentiſſage de les employer la nuit, c'eſt-à-dire, qu'il faut les exempter des veillées que les anciens ont coûtume de faire, du moins pendant les trois premiers mois, pendant leſquels on leur augmente inſenſiblement & par degrés le travail. Pour ne pas les rebuter, on doit aussi être exact à leur faire cuire leur manger à la cuisine, & le leur faire distribuer par des Négres préposés pour cela, sur lesquels on doit avoir l'œil pour qu'ils partagent aux uns & aux autres par égale portion : ce soin doit être continué jusqu'à ce qu'ils ayent des vivres dans leur place qui soient bons à manger, ce qui occupe bien les six premiers mois; & afin de leur donner une espèce d'émulation pour le travail, on les pourvoit de leur petit ménage, comme d'une chaudiere & d'un canaris; (*a*) si on veut pousser à leur égard la libéralité à bout, on y ajoute une poule, un petit cochon de lait pour le commencement de leurs éleves; on ne refuse pas même de leur donner de tems en tems un coup d'eau-de-vie du Pays, qui les égaye; mais en tout cela il y a façon de donner, il faut leur faire comprendre qu'ils doivent mériter ces graces par leur assiduité au travail. S'il y a quelques paresseux parmi eux, ce qui est assez commun, il faut les priver de biens des douceurs; par-là vous piquerez l'émulation des uns & forcerez souvent les autres à

(*a*) Par canaris, on entend un grand pot de terre.

devenir laborieux pour mériter les mêmes agrémens de la part de leur maître ; mais surtout, dans toutes les libéralités que vous leur faites, point de régle, autrement, ils croiroient que cela leur est dû, & bien loin d'en avoir une reconnoissance proportionnée, si vous y manquiez ensuite, ils se persuaderoient que vous y êtiez obligé, ou pour le moins qu'ils le meritoient bien ; car il ne faut pas s'attendre que des génies aussi mal tournés vous payent de retour ; aussi dès-lors qu'on s'apperçoit qu'ils veulent en abuser, il faut que la sévérité soit employée pour leur servir d'antidote ; par ce moyen vous ferez de bons sujets & ne serez pas exposé aux pertes que font nombre d'Habitans, qui souvent de dix Négres n'en réchappent pas cinq. Il faut donc de l'ordre pour cela, & que l'Econome ne souffre point de relâchement ; qu'il évite avec soin de les abandonner à la discrétion des anciens, qui souvent sont bien aises de se charger de pareils hôtes pour en faire leur valets, comme en effet, ils leur font faire ce qu'il y a de plus rude, traitement qui dégoûte aussi-tôt ces nouveaux venus, qui ont une extrême délicatesse à être commandés & maltraités par un Négre comme eux, mais au contraire ils se soumettent avec affection aux ordres d'un Blanc.

Il faut encore qu'à ces soins, l'Econome ajoute celui d'être exact à veiller que les chiques (*a*) ne s'emparent pas des Négres, il est très-dangereux de négliger ce point ; ceux qui sont attaqués de ce mal, tombent dans une langueur & une paresse affreuse, il n'y a que la propreté que je viens de recommander qui puisse les en garantir.

On auroit peine à croire combien ces Négres nouveaux éprouvent votre patience, souvent ils auroient besoin de châtiment, & cependant dans ces cas il convient de n'user envers eux que d'indulgence ; il faut répéter cent fois la même chose, & deviner ceux qui pêchent par malice ou par ignorance ; vous devez à ces derniers du ménagement & de la sévérité aux autres. Ceux-ci deviennent bons Sujets à force de châtimens ; ceux-là par la douceur on en fait ce que l'on veut ; mais le nombre de ces derniers est bien petit en comparaison des autres ; ainsi

(*a*) Par chique on entend un petit insecte qui s'insinue dans la chair, & qui fait beaucoup de ravage lorsqu'on n'a pas soin de l'en dénicher promptement.

quoiqu'on devroit plutôt pancher du côté de la clémence, on est souvent forcé de prendre le parti de la rigueur ; celui-ci l'emporte, & l'on a plus souvent fait d'excellens sujets par la crainte, que par une douceur toujours mal placée, vis-à-vis de la perversité de leurs inclinations. Aussi faut-il compter au moins une année d'apprentissage avant de pouvoir en attendre les services attachés à leur état ; pendant tout ce tems, il ne faut pas mettre leur travail en ligne de compte, car si vous augmentiez les travaux sur un renfort aussi foible & aussi vague, vos espérances seroient très-mal fondées, & vous en seriez assurement la dupe.

Ce qui concerne les anciens.

En voilà bien assez sur ce qui concerne les nouveaux Négres, retournons aux anciens & tâchons de les définir ; ceux-ci savent le travail qu'ils doivent faire, il ne s'agit que de les y maintenir ; pour cet effet, il ne faut point souffrir de relâchement, s'ils y tombent, on les en fait ressouvenir par le châtiment, c'est la voye la plus sûre, mais il faut le mesurer & que la chose en vaille la peine. Par exemple, l'ivrognerie qui est la fource des querelles, doit être rigoureusement punie dès sa naissance, afin d'en couper jusqu'à la moindre racine : ne point souffrir leurs querelles domestiques. Si quelqu'un a lieu de plainte contre quelqu'autre, c'est à vous d'en décider & de rendre justice à qui il appartient, en punissant l'agresseur ; mais il en faut décider sans partialité ; & s'il y a du tort de part & d'autre, il faut qu'ils subissent tous les deux la peine qu'ils ont meritée, par-là vous ôterez toute sémence de discorde, tout lieu de plainte, & qui plus est, ils seront satisfaits tous deux ; voilà l'esprit du Négre.

Voici une proposition qui ne sera sûrement pas goutée de tous les Habitans, parce qu'ils n'entendent pas également leurs intérêts. Pour moi j'en décide autrement & la crois bonne dans son principe ; je suis bien plus certain d'en faire sentir la nécessité que d'en donner la loi.

On ne sauroit se dissuader que deux heures de travail ne sont pas une avance ; je vais pourtant prouver le contraire sans avancer un paradoxe.

On sent bien que j'en veux venir à supprimer toute veillée aux Négres. En effet, je demande si ce Négre qui a bien employé ſa journée, n'a pas beſoin de repos la nuit, dont on lui retranche le quart, & dont un autre quart eſt employé à préparer ſon manger & faire ſon petit répas : à peine ſe couche t'il que le jour commence à paroître & qu'il faut être debout, dans un tems où une couple d'heures qu'il a mal-à-propos employées à la veillée, repareroient toutes les fatigues du jour précédent dont il eſt encore accablé ; il faut qu'il commence beſogne : Quelle doit être ſa vigueur ? & continuant tous les jours ſur le même ton, ne doit-on pas épuiſer ſes forces ? S'imagine-t-on que ces gens-là ſont de bronze, & qu'un travail ſans relâche ne doit pas les abatre ? Voilà donc les fruits des travaux de la veillée ; moins d'ouvrage dans la journée, des Négres qui dépériſſent ; au lieu que ce Négre qui a bien réposé la nuit & qui eſt plein de vigueur, employe ſa journée à force de bras & ſe conſerve toujours robuſte ; de-là vous les voyez parvenir à une extrême vielleſſe, ou du moins nous les voiyons anciennement ; mais aujourd'hui rien moins que cela, aux invalides à trente ou quarante ans Les Habitans vous diront : ils m'en ont gagné d'autres ; j'en conviens, mais qui peuvent à peine remplacer ceux-ci. Où eſt donc le profit ?

On ne manquera pas de répondre à cette objection, que c'est leur donner lieu de courir la nuit. A cela je replique qu'ils est impossible de les en empêcher s'il l'ont résolu. En ce cas, double fatigue, (*a*) ils seront encore bien moins en état le lendemain de faire leur devoir, que celui qui n'a fait que s'égayer dans sa promenade ; & si Messieurs les Habitans avoient soin de donner à chacun sa chacune, ces rendez-vous seroient bien moins fréquens, & il en résulteroit un autre avantage ; je veux dire que leurs progénitures remplaceroient avec usure la perte des anciens.

Je voudrois que l'Econome fut soigneux de garantir les Négres des injures de l'air, d'avoir des ajoupas (*b*) de distance en distance dans la place, pour les mettre à l'abri de la pluye. Quelle pitié de voir des misérables Négres, qui la plû-

---

(*a*) De-là les fluxions de poitrines qui sont si communes, & dont les sources ne dérivent que de ces sortes de corvées & des travaux de la veillée, car la majeure partie des Négres ne péche que par les poulmons, & de dix que nous perdons, il y en a six qui perissent de cette maladie.

(*b*) Les ajoupas sont des petites chaumiéres couvertes de paille.

part du tems ont à peine de quoi couvrir leur nudité, exposés aux injures du tems & aux fraîcheurs de la nuit, sans guérite, étendus sur deux méchantes palissades, à côté d'un mauvais tison de feu, quelques fois d'une bouse de Vache fumante qui fait l'office d'une buche, & qui peut à peine leur communiquer assez de chaleur pour leur réchauffer le ventre & la poitrine. Un peu d'humanité ne gâte pas un Négre ; d'ailleurs s'il veut en abuser le reméde est facile, je l'ai déja dit.

Rien de plus pernicieux à la santé que d'être imbibé par un grain de pluye. C'est pourquoi on ne doit pas réfuser un coup d'eau-de-vie à un Négre à qui le froid a ôté la vigueur, & que cette boisson ranimera tout de suite ; ne lui en faites pas une habitude, vous ne risquerez rien, il ne faut pas que la crainte de gâter un Négre nous empêche de le secourir dans ses besoins : si c'est son penchant, nous devons savoir le rédresser.

J'aurois pû m'étendre d'avantage sur cette matiére, mais dans la crainte que le Lecteur ne tombât dans l'ennui, je n'ai cherché qu'à lui mettre sous les yeux tout ce qui pourroit lui être avantageux & utile. Les objets que j'ai traités & dont une expérience consommée m'en a fait approfondir les ſuites, me garantiſſent & m'exemptent d'avoir aucun reproche à ce ſujet. Je ſçai qu'il n'eſt pas donné à tous d'inſtruire & de plaire en même tems, quoique ce fuſſent mes idées en commençant ces Mémoires ; mais du moins ſi le Lecteur ne trouve pas l'agréable dans mes phraſes, il y trouvera l'utile ; ſi j'ai trouvé ſon goût, tant mieux pour lui, tant mieux pour moi, j'ai atteint le but que je m'étois propoſé.

FIN.

MÉTAMORPHOSE

SINGULIERE

D'UN INSECTE NOMMÉ MAHOCAT.

JE ne doute pas que le Phenoméne dont je parle ici, ne passe dans l'esprit de plusieurs personnes pour fabuleux ; & j'avoue naturellement que j'en aurois porté le même jugement, si je n'étois pas aussi convaincu que je le suis par le témoignage sensible de ma vûe & de mon toucher. Il est vrai que c'est un prodige, qui en quelque façon semble choquer également le bon sens & la verité ; cependant c'est un fait que je donne pour très-assuré. Cet animal est un ver tout blanc de la longueur & de la grosseur du pouce, il a la tête noire ou d'un brun très-foncé, avec deux rangées de pattes sous le ventre ; il est d'ordinaire fort gras & a la peau si fine qu'il en est tout transparent ; c'est le même qu'on appelle à la Martinique, *Ver de palmiste*, que Messieurs les Martiniquois mangent avec plaisir, quoiqu'à mon avis sa figure soit assez dégoûtante ; mais quand on peut vaincre la répugnance, on trouve tout bon. Je trouvai donc un de ces Mahocats dans un vieux tronc d'arbre, pourri depuis plusieurs années ; l'animal étoit petrifié, & de la consistance d'une pierre ponce qui est remplie de pores ; il n'avoit rien d'endommagé ; chacune de ces pattes ainsi que ses barbes étoient garnies de racines de la longueur de cinq à six lignes, qui formoient des branches à peu-près comme les rameaux de la corne d'un Cerf ; il n'avoit encore ni tronc ni branches, mais suivant toute apparence cela n'auroit pas tardé à se former ; j'étois à considérer attentivement cet animal, lorsque mon Négre commandeur m'aborda ; surpris qu'il fut de mon étonnement, il me fit comprendre qu'il n'y avoit rien que de naturel en ce que je voyois, que dans son Pays il en avoit vû plusieurs dévenir arbrisseaux de trois piés de haut, dont les feuilles étoient semblables à une plante qu'il me montra dans le moment, & qui approche assez de celle du noyer.

Que les Naturalistes consultent les principes de leur Art sur un Phenoméne si étrange, je leur en laisse le soin ; pour moi je me contentai d'en être l'admirateur, & d'emporter l'animal chez moi ou plusieurs l'ont contemplé ; mais l'ayant renfermé dans une boëte de fer-blanc, un de mes enfans, âgé de quatre ou cinq ans eut le secret de se saisir de la boëte en mon absence & de perdre l'animal ; j'eus du regret alors d'avoir tant différé d'en tirer le dessein comme je me l'étois proposé. Si le Lecteur a quelque soupçon sur la sincérité du fait, je le prie de réfléchir un moment à celle qui régne dans mon ouvrage, il trouvera que je n'aurois pas voulu le finir par un mensonge, qui bien loin de l'embellir, n'auroit fait que le défigurer.

AVIS

Sur plusieurs Lettres addressées à l'Auteur, au sujet des opinions qu'on avoit de son ouvrage.

MES petits amusemens m'ayant attiré plusieurs Lettres, j'ai crû ne pas déplaire à mes Lecteurs de leur faire part de quelques unes à la fin de ces Mémoires. Il y en a une entr'autres dont l'Auteur se croît fondé à condamner la plûpart de mes observations sur la culture du Café, en y substituant les siennes qui lui paroissent plus recevables ; je pense avoir répondu à ses objections d'une façon à le convaincre, qu'elles n'ont pas dû me faire changer de sentiment ; c'est une discussion que j'abandonne au jugement du Lecteur impartial, qui pourra prononcer qui de nous deux, ou de mon Adversaire ou de moi a la raison de son côté.

Du Fort Dauphin le 10 Avril 1749.

MONSIEUR,

Vous ne pouvez me faire un plaiſir plus ſenſible que de me gratifier, comme vous avez fait, de la ſuite de votre parfait Indigotier ; je l'ai lû tout au long avec une ſatisfaction infinie. Quoique mon Indigoterie ne ſoit pas ſujette à tous les inconvéniens que vous avez ſi bien l'art de peindre en votre livre, je ne laiſſe pas d'y profiter par tout ce qu'on y remarque d'admirable & de bien dit : il ne ſauroit manquer de plaire à nos Colons & aux Gens de lettres ; aux premiers, par l'utilité qu'ils en retirent ; aux ſeconds par l'eſprit & le bon ſens qu'on y voit régner ; l'expreſſion en eſt délicate, la vérité n'y eſt point obſcurcie par des fictions embarraſſantes, tout y eſt clair, conſéquent & dicté par la raiſon ; on peut vous appliquer à juſte tître, le jugement d'un de nos Poëtes ſatyriques : grand Maître dans l'art d'écrire.

Omne tulit punctum, qui miſcuit utile

dulci : celui-là, dit Horace, remportera toujours le prix, qui ſaura mêler l'agréable à l'utile.

Voilà, Monſieur, l'idée que j'ai de votre ouvrage, & celle je crois, que tout homme de bon ſens doit en avoir; mon ſuffrage eſt peu de choſe pour un homme comme vous; votre nom ſeul fait votre éloge; mais je me fais toujours gloire de reçonnoître le merite partout où il ſe trouve, & d'en être l'admirateur.

Je ſuis avec toute l'amitié & l'eſtime poſſible.

Monſieur,

Votre, &c.

Signé, GANDON.

REPONSE.

MONSIEUR,

Que vous êtes libéral quand il s'agit de faire l'éloge de vos amis, ou de ceux que vous faites l'honneur d'eſtimer; n'oſant m'admettre au nombre des premiers, vous voudrez bien que je me flatte d'avoir quelque rang parmi ces derniers ; dans cette confiance j'agirai avec ma franchise ordinaire, & vous avouerai ingénument, que l'abondance des éloges que vous donnez à mon petit essai, me paroîtroit un peu suspecte, si je ne savois d'ailleurs que la nouveauté a droit de plaire partout ; il faut qu'elle fasse une grande impression sur votre esprit, puisque les expressions flatteuses vous viennent si en foule, qu'à peine a-t-on le tems de respirer ; le moindre de vos éloges est bien au-dessus de l'ouvrage même : mais il suffit d'être honoré de votre estime, pour remarquer que vous vous faites une étude d'exalter les personnes qui y ont part aussi bien que leurs ouvrages : pour moi qui sais mieux que personne, combien je suis éloigné d'être arrivé à la perfection que vous attribués à mon petit ouvrage, vous ne serez pas surpris du peu d'impression qu'ont fait sur mon esprit, les idées avantageuses que vous en avez conçûes ; je ne laisserai pourtant pas de vous témoigner combien je suis sensible à vos politesses, & de vous assurer en même tems des obligations que je dois vous en avoir, comme du véritable attachement avec lequel j'ai l'honneur d'être.

Monsieur,

Votre, &c.

11 *Avril* 1749. E. M.

De Limonade le 15 *Juin* 1751.

AUTRE.

MONSIEUR,

Je suis bien sensible & vous remercie de votre attention & de votre complaisance à m'envoyer le Parfait Indigotier; je l'ai lû avec plaisir & l'ai trouvé très-instructif. Il n'est pas douteux qu'il ne soit très-utile pour cette Colonie; je vous le renvoye par le Porteur.

J'ai l'honneur d'être très-parfaitement.

Monsieur,

Votre, &c.

Signé, FRANÇOIS DELAVIVIAUD.

Du Moka le 26 Janvier 1758.

MONSIEUR,

J'ai lû votre manuſcrit ſur la culture du Café; l'expérience que vous y avez acquiſe par le travail de trente années, (*a*) ne permet pas de douter de la juſteſſe de vos remarques; mais l'exactitude ne faiſant pas la totalité de celles qu'il y a à faire, trouvez bon que je vous faſſe part des miennes : je vous crois exempt du préjugé de beaucoup d'Auteurs, qui prennent pour critiques les obſervations du Lecteur.

(*a*) Comme mon petit traité ſur la culture du Café a paru détaché du Parfait Indigotier, & qu'il y eſt fait mention vers la fin, que trente années d'expériences doivent empêcher de revoquer en doute les obſervations que j'ai faites ſur tout le contenu, qui comprend les deux traités enſemble, je me trouve obligé d'avouer que de-là naît une confuſion par rapport au traité du Café, puiſqu'à peine en avois-je trois années d'expérience, qu'il me prit fantaiſie de mettre à cet égard mes remarques par écrit, pour égayer mes Compatriotes.

L'utilité qu'on peut retirer de votre ouvrage, engagera plusieurs à le transcrire, pour avoir toujours avec eux un guide expérimenté ; ils pourront même le rétrancher ou l'augmenter & peut-être faire l'un & l'autre ; mais ils ne diminueront pas la gloire que vous vous êtes acquise par les premiéres notions que vous donnés de la culture du Café : malgré l'ingratitude d'Americ Vespuce, envers Christophle Colomb, la postérité la plus reculée saura que c'est à ce dernier qu'est dûe la découverte de ce Pays. Je pourrois vous citer d'autres exemples, mais votre modestie en souffriroit ; ainsi entrons en matiére.

Le Café fut découvert par le Prieur de quelques Moines, au rapport du Maronite Fausta Niaronne, cité dans le Dictionnaire de Trevoux, après qu'il eut été averti par un homme qui gardoit des Chevres, & qui lui dit qu'il voyoit quelquefois son troupeau veiller & sauter toute la nuit. Le témoignage de ce Berger engagea le Prieur à faire l'essai de la vertu qu'a ce grain d'empêcher le sommeil ; il l'employa dabord a empêcher que les Moines (naturellement paresseux) ne dormissent à Matines.

Vous croyez, Monsieur, que l'abondance du Café le réduira à un prix très-modique ; l'expérience donne à penser que cela ne devroit pas arriver : il y a trente ans qu'il y avoit peu de Sucreries, le Sucre étoit à bon marché, les Manufactures ont augmenté & le prix aussi. Qui a donc causé cette révolution ? l'intérêt du Commerce. Dans ces premiers tems, vingt Navires suffisoient pour fournir le nécessaire à cette Colonie & en enlever les revenus ; il en faut actuellement plus de cent pour la ville du Cap & ses dépendances ; il en faudra d'avantage lorsqu'on fera plus de Café. Ne vous méfiez-pas de l'industrie du Commerce, si les Négocians ne savoient pas se défaire de votre Café, ils ne viendroient pas le chercher. Craignez-vous qu'il n'y vienne pas des Navires ? Si vous conceviés l'avantage que le Commerce Maritime rapporte à l'Etat, votre crainte se dissiperoit.

Il n'est pas concevable que le Café à dix sols n'en produise que six quitte & net ; vous donnez les deux cinquiémes pour les frais, il n'en coûte pas cela : par exemple, deux cens livres de Café à dix sols la livre, produisent cent livres en argent, & ci . . . . . 100 liv.

Sur quoi, il en faut déduire les frais ci-dernier :

FRAIS.

Paſſage.	15 ſ.
Commiſſion à deux & demi pour cent.	2 liv. 10 ſ.
Deux journées de Cheval à trois livres, ci.	3
Deux ſacs à trente-cinq ſols l'un, & qui font ordinairement ſix voyages.	3 10 ſ.
La dépenſe des harnois ne ſauroit s'aprécier.	
	12 liv. 15 ſ.
Tout frais payé il reſte des 100 liv. ci-dernier. . . .	87 5 ſ.

Ce calcul prouve clairement, qu'il n'en coûte pas le ſeptiéme pour les frais ; je ne prétends pas pour cela, qu'on y faſſe une fortune brillante, mais on peut vivre bourgeoiſement, élever ſa famille & laiſſer à ſes héritiers les fondemens d'une fortune.

Quoique le pivot du Café ſoit endommagé, l'arbre ne périra pas, ſi dès qu'on s'apperçoit qu'il jaunit, on le coupe à quatre doigts de terre, la ſéve ne pouſſant plus dehors, formera des nouvelles feuilles qui s'étendront dans le premier tronc: ceci a néanmoins ſes exceptions; car ſi l'arbre n'avoit point de cheville pour lui porter de la nourriture, il périroit avant que la ſéve en ait formé.

Après que le Café a donné quatre récoltes (ce que l'on connoit par la flétriſſure des feuilles), & que la ſéve n'eſt plus abondante, il faut couper l'arbre à la maniére ci-deſſus : que riſque-t-on? Puiſqu'il ne rapporte plus, on en tirera peut-être deux bonnes récoltes.

Au lieu de faire tomber les fleurs, il faut couper quelques nœuds de la tige immédiatement après que le Café eſt cueilli la ſéve ſe répand plus abondamment dans les branches qui reſtent, en fait naître d'autres, qui quelquelsfois fructifient la même année.

Il n'eſt pas général que le petit grain ne vienne que des vieux arbres; la qualité de la terre y contribue ſouvent: cela ſe voit dans le quartier de la grande riviere, ou la terre eſt fort legére.

Vous penſez que l'eau qui ſéjourne dans les trous, fait un bon effet. Je ne ſai comment vous l'entendez, ſi c'eſt avant ou après qu'on a planté le Café.

Ceux qui plantent à trois & quatre

piés de diſtance, n'ont pas ſans doute, de bonne terre ; & dans ce cas, qu'ils arrêtent leur Café à la hauteur de cinq piés, ils éviteront les inconvéniens que vous remarquez fort à propos.

La maniére de fouiller les trous au louchet eſt bonne dans les endroits pierreux, elle donne la facilité d'ôter les pierres qui empêcheroient le pivot de pénétrer. Au ſurplus le ferrement ne détermine pas la profondeur du trou.

Vous paroiſſez incliné à planter par préférence dans les nords ; la raiſon des pluies plus fréquentes ſembleen être le motif. Nos ſentimens ſont différens, car je préférerai toujours de planter depuis le mois d'Avril juſqu'en Août ; & voici ma raiſon : les Cafés plantés en Avril &c. N'ayant que quatorze mois en Août de l'année ſuivante (c'eſt le dernier mois de la fleuraiſon), ne peuvent pas beaucoup fleurir, ils ne fleuriſſent bien que l'année d'après ; ils ont pour lors deux ans paſſez, ils ſont aſſez vigoureux pour porter leurs fruits à maturité ; au-contraire les Cafés plantés à la fin de l'année ayant vingt mois à la fleuraiſon de la ſeconde année, fleuriſſent abondamment, & n'ayant pas encor acquis cette vigueur que l'âge leur donne, ils ne peuvent porter

leur

leur fruit à maturité, ou s'ils le portent, la séve est presque absorbée, l'arbre devient stérile pendant deux ans & périt quelquefois la troisiéme année ; enfin s'il m'arrive de planter dans les nords, c'est que je n'aurois pû faire mieux. Vous admettez qu'on peut planter des pois, ris & mahy dans les Cafés ; l'expérience me prouve actuellement que si on n'y plantoit rien on feroit mieux, nos terres ne sont pas assez bonnes pour donner en même tems de la nourriture à tant de choses ; il est certain que les Cafés sont privés de celle que les pois, ris & mahy prennent ; d'ailleurs s'il n'y avoit pas des vivres dans les Cafés, on avanceroit d'avantage à sarcler, & si on plantoit des vivres dans un terrein particulier, on les planteroit plus près, & se joignant, les herbes n'y croîtroient guéres.

Un Habitant possédant soixante carreaux de terre, s'il sait la ménager, a pour cinquante ans à travailler ; je suppose qu'il commence avec vingt Négres, qu'il défriche les deux premiéres années dix carreaux, qu'il en mette la moitié en Café, il aura quarante mille piés de Café, le reste en places à Négres, en vivres & en savanne : qu'il défriche ensuite de deux années une, un morceau de terre pour planter dix mille piés de Cafés & de vivres, qu'il obſerve ſcrupulement cette économie, il aura ſûrement de la terre pour plus de cinquante ans; ainſi ſon petit fils en trouvera.

Lorſqu'il y a du Café d'échaudé, il convient de ſecouer l'arbre avant de commencer à cueillir, ſans cette précaution on aura beaucoup à trier; ſi pourtant il ſe trouve de bon Café parmi l'échaudé & que la récolte ne ſoit pas abondante, il faut le cueillir le premier; mais je ſai par expérience qu'on eſt très-mal récompenſé du tems qu'on y employe.

Le Café ne mûrit pas tout à la fois, parce qu'il ne fleurit pas tout enſemble.

Je crois qu'il eſt mieux que tous les Négres partagent chaque ſoir la fatigue, que d'en excepter une partie, pendant que l'autre répoſe: au reſte, cela eſt arbitraire.

Si le Café ſe lave aiſément ayant fermenté toute la nuit, il ſe lavera bien plus facilement en le faiſant fermenter juſqu'au lendemain au ſoir; la plus longue fermentation fera que la gomme ſe détachera mieux, on évitera par ce moyen de faire lever les Négres avant le jour, ce qui eſt très-conſidérable.

Après que le Café eſt vanné, on l'expoſe au Soleil ; j'ajoute à cela que comme il n'eſt pas entiérement détaché de ſa pellicule trop adhérente, il faut le renfermer tout chaud, & au bout de trois ou quatre jours l'expoſer encore au Soleil, enſuite le répaſſer dans le pilon ; cette pellicule tenace ſe détache exactement, & le Café en eſt infiniment plus beau.

Dans le nombre des Cafés que j'ai coupé, pluſieurs en ont pouſſé des tets garnis de trois branches à chaque nœud ; dans les mêmes piés, d'autres tets n'ont que deux branches ; je ſerai bien aiſe d'être inſtruit de ce Phénoméne.

Voilà, Monſieur, les remarques dont j'ai l'honneur de vous faire part, je ſerois charmé d'être à portée par la proximité de profiter de votre maniére de cultiver le Café ; j'aurois beſoin d'un ſi grand Maître, mais l'éloignement ne m'empêchera pas de prendre la liberté d'aller (ſi vous me le permettés) vous demander des inſtructions.

J'ai l'honneur d'être avec une parfaite conſidération,

Votre, &c.

Signé, GRAIMPRÉ.

Le premier Février 1758.

REPONSE.

MONSIEUR,

L'honneur de votre correſpondance m'auroit extrêmement flatté il y a 2 ans, j'avois alors la vûe ſaine ; du depuis une goute ſeraine me l'a éteinte juſqu'au point de ne pouvoir lire aucune écriture, pas même la mienne, n'écrivant plus que machinalement & par l'habitude que j'ai eu d'écrire : ne vous attendez donc pas, Monſieur, à une réponſe exacte à vos obſervations, ſurquoi j'aurois beſoin d'un peu de réflexion, & ſurtout des yeux ; quand vous n'aurez rien de mieux à faire, vous pourrez quelque jour en paſſant m'honorer d'une petite viſite, où je pourrai peut-être vous expliquer de vive voix, ce que vous déſirez ſavoir de moi ; ce que vous apprendrez de plus certain, c'eſt l'eſtime parfaite avec laquelle j'ai l'honneur d'être.

Monſieur,

Votre, &c.
E. M.

Lorſque j'ai écrit ſur la culture du Café je n'avois pas trois années d'expérience, ce n'étoit qu'une ſuite du Parfait Indigotier, & pour achever de faire un volume ; je ſai bien qu'il a plus l'air d'une deſcription que d'un traité en forme, auſſi comptois-je bien de le retoucher ; mais l'homme propoſe & Dieu diſpoſe ; ce n'étoit donc qu'une premiére ébauche pour égayer mes Compatriotes.

REPONSE POSITIVE,

Sur les objections faites par Mr. Graimpré.

MONSIEUR,

Ma vûe s'étant un peu fortifiée depuis environ dix-huit mois, je m'aviſai derniérement de parcourir pluſieurs Lettres renfermées dans une dès niches de mon Bureau, le hazard me fit tomber ſur une, écrite de votre part, & après lecture faite, me voyant en état de vous ſatisfaire en partie, j'ai fait les réflexions ſuivantes ſur vos obſervations.

Comme chacun a ſa façon de penſer,

il n'eſt pas douteux que la mienne ne ſoit pas au gré de tous ſans exception, auſſi ne m'en ſuis-je jamais flatté, c'eſt ce qui eſt bien facile à comprendre dans tout le ſtile de mon petit ouvrage, & ſurtout, ſur la culture du Café, où je ne propoſe que mes idées (ſauf le meilleur avis du Lecteur) & ſans prétendre qu'on les ſuive par préférence. Je n'avois pas trois années d'expérience (comme j'ai eu l'honneur de vous le marquer en ſon tems) quand il me prit fantaiſie de mettre mes remarques par écrit. Soit qu'on m'ait tronqué l'original, ou que le premier n'ait pas été conforme à celui qui eſt pardevers moi, j'y trouve un ſens qui ne s'accorde pas tout-à-fait avec le mien : quoiqu'il en ſoit, je vais tâcher de répondre exactement à vos obſervations, & ſi je ne ſuis pas tout-à-fait d'accord avec vous, ne croyez pas, Monſieur, que ce ſoit parceque vos idées différent des miennes ou que je veuille les cenſurer.

Vous débutez par m'apprendre l'hiſtoire fabuleuſe de la découverte du Café par certaines Chévres, citées dans le Dictionnaire de Trevoux : quoique je ſçuſſe cette hiſtoire peut-être avant vous, je me ſuis bien gardé d'y faire la moindre application ; il ſe peut pourtant bien que les

Chévres par les appas d'un fruit dont elles se répaissoient avec plaisir, ayant été la cause première de sa découverte, ces animaux avides, sans doute, de ce fruit qui flattoit leur goût, ne manquérent pas chaque jour de se rendre dans certains endroits de la forêt où leur appetit les appelloit, qu'on fut curieux (suivant toute apparence) de les observer, voyant surtout qu'elles en revenoient sautant & bondissant, ce qui ne pouvoit être autrement, puisqu'elles s'en donnoient à cœur, & que ce n'étoit que joye pour ces animaux pendant la journée. Mais que le Prieur du Couvent eût voulu essayèr sur ses Moines, (supposés paresseux) la vertu que le Café a d'empêcher le sommeil; en vérité, Monsieur, rien ne sent plus la fable. Apprenez-moi, je vous prie, comment il s'y prit pour l'aprêter afin d'en connoître l'effet à point nommé, dans un tems où il devoit probablement l'ignorer ?

Vous trouverez ma crainte mal fondée, lorsque je dis que l'abondance du Café pourroit bien le rendre à un vil prix; l'expérience n'en n'est dejà que trop formelle, & je suis très-certain que vous ne reverrez plus le Café à vingt & trente sols la livre, comme il a été ci-devant,

Quoique vous puissiez dire sur l'objet du Commerce, cette Manufacture n'est qu'un supplément aux autres : je vous accorde pourtant que les plus considérables y trouveront toujours leur compte.

Vous dites qu'il n'est pas convenable que le Café à dix sols, n'en produise que six quitte & net, surquoi vous établissez un calcul qui me fait tomber dans l'hyperbole. Un peu d'attention s'il vous plait, & vous trouverez qu'il y a plus d'erreur de votre côté que du mien.

Vous mettez pour frais de passage 15 sols, pour deux cens livres de Café ; cependant vous savez que nos sacs n'excédent pas le poids de cent livres, & que souvent on prend vingt sols par sacs ; mais nos Commettans ne le payent que quinze : deux journées de Cheval que vous appréciés trois livres six sols ; personne n'en fera le charroi à moins de douze livres par charge, quoiqu'on n'y mette qu'une journée.

Vous n'ignorez-pas que nous avons des entrepots dans la plaine aux piés des Mornes, d'où un cabrouet le charroye aux Embarquaderes, sur le pied d'un sol par livre, ce qui fait selon moi & suivant Barême, cinquante livres par millier. J'ai vû des Habitans du Dondon, à qui le Café rendu au Cap, avoit dejà couté de déboursé trois sols par livre avant même d'en avoir payé la commission; ainsi le Café étant à dix sols, n'y a-t'il pas là de quoi vivre bourgeoisement, élever sa famille & laisser à ses héritiers les fondemens d'une fortune, comme vous vous exprimés?

Si le pivot des Cafés est endommagé, vous aurez bien de la peine à les réchapper, quelque soin que vous preniez de les tailler s'ils poussent quelques bourgeons, ils s'affoibliront à mesure de leur croissance, & il y a dix contre un à parier qu'ils périront au premier rapport.

Votre sentiment est de couper les Cafés après la quatriéme récolte; le mien au contraire, est que vous les épuisiés; la meilleure partie manquera, celle qui promettra beaucoup en fera de même au premier rapport, si vous n'avez pas soin de ne leur laisser que ce qui leur convient de bois pour fructifier modérement. Le moyen le plus solide à mon avis, est, de les laisser sur pié tels qu'ils sont pendant leur stérilité, ôtez-en seulement le bois qui vous paroît superflu, entretenez-les bien nets, vous en tirerez bon parti.

Au lieu de faire tomber les fleurs &c. Je n'ai rien à vous dire là-dessus, conſultez mes Mémoires, vous y trouverez ce que j'en penſe, ſi les vôtres n'en font pas mention, vous pouvez recourir à l'original.

Vous avez raiſon lorſque vous dites qu'il n'eſt pas général que les vieux arbres produiſſent le petit Café ; je l'ai expérimenté depuis mes premiéres remarques, & j'en ai vû qui excédoient de beaucoup ceux des jeunes piés. On peut attribuer ceci, aux dérangemens des ſaiſons, plutôt qu'aux terreins, puiſqu'il n'y a que certaines années où cela arrive.

Que l'eau ſéjourne avant ou après que le Café eſt planté, la plante n'en reçoit pas moins la fraicheur, que je ſoutiens lui être ſalutaire, puiſque cette même fraicheur l'empêche de fâner.

Sur ce que je dis qu'il y a des Habitans qui plantent à trois & quatre piés de diſtance, vous concluez de-là, que la terre y eſt ingrate, à quoi vous ajoutez, qu'en ce cas, vous leur conſeillez d'arrêter les pieds de Café à la hauteur de cinq piés ; je ſuis fâché de vous dire que vous faites là une grande incartade. Je ſuis certain qu'un pié de Café de cette hauteur, (à moins qu'il ne ſoit dans une terre très-profonde) ne produira pas deux années de ſuite : ſi vous voulez conſulter l'original là-deſſus, vous trouverez le contraire de votre avis, appuyé par des raiſons très-plauſibles.

La raiſon que vous allégués de fouiller les trous au louchet dans les terreins pierreux, eſt fort juſte, je manquerois de bon ſens ſi je la condamnois, je n'ai fait cette remarque que pour ceux, qui, indifféremment les plantent de même dans toutes ſortes de terreins, en vûe de raffiner.

Voici un article, où, ſi je ne me trompe, il y a plus de prévention que de ſolidité : vous vous étonnez de me voir incliné à planter dans le tems des nords ; outre que j'en donne une ſolution recevable, je puis détruire la vôtre dans le moment, & par une façon de s'exprimer, vous battre avec vos propres armes ; vous y poſez pour principe, que les Cafés plantés à la fin de l'année ayant vingt mois à la fleuraiſon de la ſeconde année, fleuriſſent abondamment, & que n'ayant pas encore cette vigueur que l'âge leur donne, ils ne peuvent porter leur fruit à maturité. Où avez-vous jamais vû que le premier rapport ait cauſé le moindre dommage à l'arbre ? la plante à tant de vigueur à cet âge & produit ſi peu, qu'elle imite le laurier par ſa verdure ; il n'en eſt pas de même au ſecond rapport où le pié eſt dans toute ſa force, & ſe charge tellement de fruits, qu'il plie ſous ſon propre poids & ſe trouve en grand danger de périr. C'eſt pour éviter cet accident que je conſeille de l'arrêter à deux piés & demi ou à trois tout au plus, j'en donne une raiſon qui doit être reçûe ſi je ne me trompe ; ſi elle ne paroît pas dans votre copie, vous la trouverez dans l'original.

Vous trouvez que je ne penſe pas juſte, lorſque j'admets qu'on plante du ris, pois & mahy entre les rangs des Cafés pendant leur croiſſance ; mais avec votre permiſſion, ce n'eſt pas prendre le ſens littéral de mes principes, que de confondre le tout enſemble ; lorſque j'explique qu'un rang de mahy ou de ris entre un rang de Cafés de ſix piés de diſtance, ne ſauroit cauſer le moindre tort à l'arbre, je ne crois pas qu'aucun Habitant ſoit d'un opinion contraire, & qu'il ne ſoit même de mon avis pour profiter d'une terre inculte, qui lui coûte bien plus d'entretien lorſqu'elle eſt toute découverte, par rapport à la quantité des mauvaiſes herbes qu'il en faut ôter, que ſi elle étoit occupée par quelques vivres qui portent l'abondance partout où on les recueille.

Vous dites qu'un Habitant poſſédant ſoixante carreaux de terre, a dequoi travailler cinquante ans: je vous renvoye, Monſieur, à votre propre quartier, je ne crois pas qu'il y ait plus de quinze ans qu'on y cultive le Café (ſi vous en exceptés les trois premiers Habitans), il n'y en a guéres qui ne poſſédent juſqu'à cent carreaux de terre, faites attention préſentement aux énormes défrichées qu'il y a eu en ſi peu de tems, je ſuis perſuadé que vous conviendrez de votre erreur. Toute Sainte Suſanne habitée quelques années plutôt, n'a preſque plus de terre à cultiver, bien loin que les Habitans de ce quartier en laiſſent à leurs petits fils, il ne reſte à leurs propres enfans que des ſavannes ſtériles.

Depuis que j'arrête mes Cafés à la hauteur marquée ci-deſſus, je n'en ai aucun d'échaudé, ce qui prouve que la méthode en eſt bonne, & que le pié ne rapporte qu'autant de fruit que la ſéve en peut nourrir: ſitôt qu'on s'apperçoit que le Café veut s'échauder, coupés un tiers de chaque branche attaquée dans le moment, vous évitez par-là qu'elle ne ſéche.

Vous penſez qu'il ſeroit mieux d'employer tous les Négres à la fois chaque ſoir, ſans en excepter une partie pour qu'elle ſe répoſe : vous ne faites donc pas attention au nombre limité qui y eſt employé ; l'excédent n'eſt donc qu'un ſuperflu.

Voici encore une contradiction que je ne puis me diſpenſer de vous faire obſerver, lorſque vous dites que plus le Café fermente, mieux il ſe détâche de ſa gomme, c'eſt de quoi je conviens avec vous ; mais ſi vous attendez au lendemain à faire cet ouvrage, vous interromprez la récolte & ſouffrirez la perte de ce retardement ; & ſi vous attendez juſqu'au ſoir ſuivant, vous courez riſque de voir votre Café échauffé, ce qui le noircira ou rougira extrêmement.

Votre façon de repaſſer au pilon le Café lorſqu'il a acquis ſon dégré de perfection, eſt bonne, & ne peut manquer de délivrer le Café de ſa péllicule trop tenace (ſuppoſons le cas) & d'en embellir la qualité.

Votre dernier article n'eſt pas facile à définir, la nature dans ſes productions ſe joue ſouvent de nos obſervations les plus exactes, quelques appuyées qu'elles ſoient d'une pratique conſtante ; il n'eſt pas plus extraordinaire de voir un pied de Café pouſſer pluſieurs branches, que de voir un ſep de vigne multiplier ſes bourgeons après avoir été taillé.

Voilà, Monſieur, à ce que je crois, une réponſe aſſez exacte ſur vos obſervations, peut-être vous plaindrez-vous de la franchiſe avec laquelle je vous la fais; en eela donnons-nous mutuelle quittance, & croyez s'il vous plaît que je prends de bonne part tout ce que vous avez crû devoir m'objecter, cela eſt ſi vrai que je vous invite, & telle autre perſonne de vos amis ou connoiſſances qui feront quelques nouvelles découvertes qui ſoient intéreſſantes, & qui voudront bien m'honorer de leur correſpondance, de m'en donner avis, je leur promets de les inſerer dans mes Mémoires, & de citer le nom de chacun en particulier, ce qui pourra les immortaliſer à peu de frais.

J'ai l'honneur d'être avec bien de l'eſtime,

Monſieur,

Votre, &c.
E. M.

Ce 29 Octobre 1760.

TABLE DES MATIERES.

Fin de la Table.

INDIGOTÉRIE

de dix piéds de longueur Sur neuf de large et trois piéds de profondeur.
La battérie doit avoir Sep piéds de large, cinq de profondeur Sur dix de longueur,

A. La Pouriture.
B. La batterie.
C. Bassinot.
I. Les cléfs.
2. Les courbes.
3. les bucquets.
4. Cornichon.
5. Rabot.
6. Ratelier.
7. La vuide.
8. La goutiere.
9. Les barres.
10. Negrès qui portent les Sacs.
11. Etabli ou on expose les caisses.
12. La Secherie.
13. vne demoiselle.
14. calebasse qui sert á vuider l'indigo dans les Sacs.
15. léconome.

Ilya quatre demoiselles que l'on mets dans chaque mortoise dont on a Soin de pourvoir les barres, chaque demoiselle est percée de Sept a huit trous de tarrier dans les quels on met la cheville a plus ou moins haut Suivant la quantite d'herbe qu'on y a mis.

www.ingramcontent.com/pod-product-compliance
Ingram Content Group UK Ltd.
Pitfield, Milton Keynes, MK11 3LW, UK
UKHW020450200726
13857UKWH00002B/647